潛艦的技術

潜水艦の戦う技術

山內敏秀 ◎著

吳佩俞 ◎譯

晨星出版

前言

　　提到日本「蒼龍」級潛艦可能出口至澳洲的新聞，想必大家還是記憶猶新吧！雖然日本與澳洲對於這項交易的相關協商仍在持續當中，但潛艦（尤其是常規動力潛艦）倒是拜此新聞所賜而成為大眾矚目的焦點。論其背後因素，更是和澳洲及亞洲各國的潛艦部隊均在頻繁進行創建、近代化，以及強化等情勢有關。

　　馬來西亞訂製了兩艘法國的鮋魚級潛艦（Scorpène class submarines），越南則是在2009年向俄羅斯購買了六艘基洛級潛艦（Kilo class submarine），而目前越南海軍的陣容也已擴展增加第三艘潛艦。另外，印尼亦曾在1990年代初期建制了兩艘德國的209型潛艦（Type 209 submarine），目前則是改向韓國下單訂製三艘潛艦，預計最終將潛艦數量增加到十二艘。菲律賓也發表了未來會購入三艘潛艦的計畫。至於新加坡，則是將四艘老舊潛艦更新為德國的218SG型潛艦（Type 218SG submarine）。

　　亞洲各國之所以採取這些行動，其中的一個原因就是要藉此因應中國的崛起。

　　因為這些國家看到中國海軍壓倒性的力量，所以採用潛艦來加強應對。那麼，為何許多國家選擇的都是「潛艦」呢？這個問題的答案就在於，**潛艦正是一種能夠「潛入水中」的艦艇**。

　　自潛艦問世以來，大多數情況下，僅用一艘潛艦就能直接挑戰以戰艦與航空母艦為中心的強大水上艦隊。如果使用現今的詞

彙來形容，可說是一場終極的海軍非對稱戰。雖然潛艦在速度、火力及裝甲等方面都遠遠不及戰艦及航空母艦，但潛艦之所以能夠向其挑戰抗衡，原因就在於其「**隱密性**」。潛艦藉由覆蓋「水」這層面紗而取得極高的「隱密性」。就如同擁有此種隱密性的潛艦被稱為「神秘鐵塊」所顯示，許多潛艦的相關資訊至今仍未公開。因此，只要擁有潛艦，就可以壓制對手的行動，甚至還能夠迫使對方必須為找出潛艦蹤跡與排除威脅而**投入巨大的資產與努力**。

讀者們如果搭乘電車前往神奈川縣橫須賀市的JR橫須賀站（譯註：Japan Railway，日本鐵路公司。日本國鐵在1987年經過分割民營化後所成立的鐵路企業集團，營業範圍涵蓋鐵路、公路及科技研發等領域。），下車後就能親眼目睹停泊在對岸的潛艦。另外，在廣島縣吳市的國道沿線車站同樣可以近距離觀看潛艦的黑色船體。電視上也會播出一邊說明著「這是首次有電視節目攝影機進入潛艦當中拍攝」，一邊介紹艦艇內部的節目。不過，因為這類場合與情況都未採用**「作戰」的觀點**，所以終究無法看清潛艦的真正樣貌。當立足於「作戰」的觀點時，前面所稱的「覆蓋海水面紗」又代表什麼樣的意義呢？

要怎麼做才能讓潛艦覆蓋著海水的面紗呢？艦艇覆蓋海水面紗時又會導引出何種作戰模式呢？在本書中，我們將稍稍推開這些神祕的阻隔巨牆，並試著更加接近潛艦的本質與真相。

將各種要素匯集融合之後，潛艦才具備作戰能力。因此，為了更加接近潛艦本質，本書將針對各種交融的要素進行解謎釐清及深入說明。有些章節我們會依循潛艦歷史的脈絡進行探討；有時則是對潛艦擁有何種構造、以及建造時應該注意哪些部分等內容加以解說。如果把這些脈絡當作是經線，那潛艦潛在水中究竟代表何種意義、下潛的大海裡頭又是何種環境、或是如何在海中

行動等問題就能作為緯線來深入觀察。另外，我們也會把如何打造真正潛艦、與敵人交戰所需技能（海上自衛隊稱之為術科）等核心問題編入重點區域，而其中最令人難忘的重點就在於潛艦會為生存進行何種戰鬥吧！

　　本書亦附加許多照片與插圖，盡量簡單說明這些經緯線的相關資訊，並努力讓內容更為淺顯易懂。如果讀者們能夠透過本書而更加關注或是喜歡潛艦，那可真是預期之外的莫大喜悅。

二〇一五年五月　山內敏秀

現代的「海中忍者」——迫近潛艦的真實樣貌

潛艦的技術

CONTENTS

第 1 章 潛艦的歷史

潛艦是在何時以何種目的所開發出來的呢？
潛艦的運用方法又是什麼？
另外，日本是什麼時候開始引進潛艦的呢？
在本章中，我們就來看看手動式潛艦的發明到核子動力潛艦登場的
各種相關內容吧！

西元1954年1月21日，在進水典禮後，浮上泰晤士河面的世界首艘核子動力潛艦
——「鸚鵡螺號」。
照片：美國海軍

武器為「附裝炸藥的尖鑽」
～歷史上首次潛艇攻擊事件

　　人類歷史上首次藉由潛艇來攻擊敵艦的行動出現在美國獨立戰爭期間。西元1776年，一艘名為「海龜號（Turtle）」的潛艇展開潛入大海的水中行動，企圖將炸藥置放在停泊港口的英國軍艦船底。

　　海龜號潛艇是由大衛・布希內爾（譯註：David Bushnell，西元1740年～1824年，畢業於耶魯大學的美國發明家。）所建造的。這艘木製船艇的外觀像是左右兩個碗合攏蓋住，而且一般認為海龜號是藉由裝在艦首方向的手動式螺旋槳、設置於垂直方向用以改變深度的螺旋槳，以及船舵等裝置來進行水中行動。兼具現今壓載艙（ballast tank）與調整櫃（adjusting tank）功能的潛水用船艙位於船內，並裝設有腳踏式通海閥（Kingston valve）與排水泵（drain pump）。至於壓載艙與調整櫃的部分，我們會在後文解說得更詳細些。

　　那麼，海龜號原本是企圖採取何種方式來攻擊敵艦呢？原來海龜號潛艇計畫在潛入海中到達敵艦所在之處後，從船艇內側轉動把手，藉由裝設在船體上方的尖鑽來鑽開敵艦的船底。這個尖尖的鑽頭與背在海龜號後方的定時炸藥是用繩子連接在一起的，所以當海龜號的鑽頭鑽入敵艦船底且脫離潛艇後，就可以將炸藥留在敵艦的船底處，等設定的時間一到就會立刻炸開。

　　海龜號的初次實戰就是在哈德遜河（Hudson River）針對英國軍艦進行攻擊，但因當時的目標軍艦船底包覆有一層金屬板，所以海龜號的鑽頭始終無法順利鑽開，導致炸藥在脫離中途爆破而驚動了敵軍。至於海龜號的第二次攻擊行動則是發生在康乃狄克州的新倫敦（New London），對象同樣都是英國的軍艦。據說該次行動雖然順利裝上炸藥，但因連接著鑽頭與炸藥的繩索被

敵軍發現，所以炸藥在拉至艦上的中途就引爆炸開，只造成些許災情。

海龜號的概念圖。利用裝設於船體上方且附有炸藥的尖鑽來對敵艦的船底進行鑽孔破壞。
照片：美國海軍

由始祖鳥至近代潛艦
～讓水中行動得以實現的蓄電池

　　在海龜號之後，各式各樣的嶄新嘗試也陸續面世。像是開發出蒸氣船的羅伯特・富爾頓（譯註：Robert Fulton，西元1765年～1815年，美國著名工程師，以建造世界第一艘蒸汽動力輪船而聞名。）在西元1800年嘗試打造了「鸚鵡螺號（Nautilus）」，而且也實驗成功。不過，軍方最後並未採用鸚鵡螺號。之後，富爾頓繼續嘗試開發設置蒸汽機械的潛水艦，但卻在建造途中即染病去世。美國的南北戰爭時期，隸屬於南軍的9人座潛艇「漢利號（H. L.Hunley）」曾因擊北軍的豪薩通尼克號（USS Housatonic）軍艦而立下彪炳戰績。漢利號潛艇在船首設置了裝有炸藥的長木桿，然後利用這隻長桿來推擠敵方船艦舷側以擊沈敵軍，而這根裝有炸藥的木桿就稱之為**竿式魚雷（Spar torpedo）**。

　　不過，上述行動雖然在「潛入水中行動以攻擊敵艦」方面深具劃時代的意義，但畢竟這些船艦的動力還是人力，且攻擊手段也屬於極為粗糙原始的方法，所以在潛艦的歷史上只被認為是有如始祖鳥般的存在。

　　這種始祖鳥般的潛艦若想進化到近代的潛艦，就必須擁有三種嶄新技術。

　　首先，一定要提到的就是**內燃機（Internal combustion engine）**的開發與發展。西元1823年，一位名為布朗的英國人製作了實用的燃氣引擎（gas engine），六十年後的1884年，德國被稱為汽車實用化之父的戈特利布・戴姆勒（譯註：Gottlieb Wilhelm Daimler，西元1834年～1900年，德國工程師及發明家，也是汽車發明者之一。）製作出高速汽油引擎（gasoline engine），進而確保了潛艦必要的動力來源之一。不過，因為需要空氣的汽油引擎無法在水中使用，所以需要**另一種動力來源才能讓水中行動得以實現**。

被發現的「漢利號」潛艇遺跡。
照片：美國海軍

　　因此，**電池**便成為了大家矚目的焦點。此時的潛艦需要的是即使在水中行動時放電，還是能夠再次充電以反覆使用的電池。因此，西元1860年即改為裝設法國葛斯頓・普朗泰（譯註：Gaston Planté，西元1834年～1889年，法國物理學家，於1859年發明了可反覆充電的鉛酸蓄電池。）設計的二次電池，也就是在稀硫酸中放入二氧化鉛（PbO_2）與鉛（Pb）兩種極板的蓄電池。這種鉛蓄電池之後歷經多次改良修正，甚至到今天仍是潛艦所使用的電池。

讓潛艇成為軍艦的關鍵就是魚雷

　　至於將潛艇一舉推升至軍艦地位的關鍵則是**魚雷（torpedo）** 的完成。最早的魚雷是由英國工程師——懷海德（譯註：Robert Whitehead，西元1823年～1905年，英國工程師，與盧皮斯共同發明首款魚雷。）於西元1866年所開發。當時他接受奧地利海軍委託製作可於海中行動的魚雷。懷海德的魚雷之後陸陸續續獲得了世界各國海軍採用，所以這些國家也一個個地建造出「**魚雷艇（torpedo boat）**」。這裡可能要說點題外話，那就是原本所謂的驅逐艦就是用來驅逐此類魚雷艇，並且守護主力戰艦的船艇，但因為驅逐艦後來本身也改為配備魚雷，所以也兼具了魚雷艇的功用。

另一方面，英國海軍則是在1870年代初期開始，就將讓潛艦搭載白頭魚雷（Whitehead torpedo）。

　　而被稱為潛艦之父的約翰・菲利普・霍蘭（譯註：John Philip Holland，西元1841年～1914年，出生於愛爾蘭，後移籍至美國，為世界首艘實戰用潛艇的發明者。）則是在西元1878年製作出霍蘭一號試作艇，並且不斷嘗試修正改良。到了1898年，完成了可說是近代潛艦出發點的「霍蘭六號（Holland VI）」潛艇。霍蘭六號全長53英尺（約16.2公尺），排水量為63噸，設置的是45馬力的汽油引擎，並搭載了60座電池組。

　　當時的美國海軍副部長及後來的總統——西奧多・羅斯福（譯註：Theodore Roosevelt Jr.，西元1858年～1919年，美國第二十六任總統。人稱老羅斯福，亦暱稱為「泰迪」。）在親眼見到霍蘭六號的展示後，便向長官提出購入潛艦的建議，於是美國海軍便於西元1900年4月購進霍蘭六號潛艇，當年10月命名為「霍蘭號」，賦予SS-1編號後就開始正式服役。

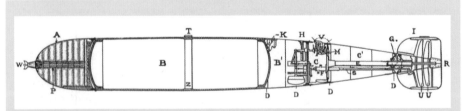

白頭魚雷的構造。
照片：《The Whitehead Torpedo. U.S.N.》（美國海軍，1898年）

A：彈頭（war-head）
B：空氣瓶（air-flask）
B'：浸水艙（immersion-chamber）
C：引擎室（engine-room）
C'：魚雷後艙（after-body）
D：排水孔（drain-holes）
E：軸管（shaft-tube）
F：舵機（steering-engine）
G：傘齒輪盒（bevel-gear box）
H：深度計（depth-index）
I：尾部（tail）
K：充氣鎖氣閥

（charging and stop-valves）
L：固定齒輪（locking-gear）
M：引擎座板（engine bed-plate）
P：引信盒（primer-case）
R：舵（rudder）
S：操舵傳動桿套
　（steering-rod tube）
T：導向栓（guide-stud）
U：螺旋槳（propellers）
V：閥門組（valve-group）
W：引信（war-nose）
Z：補強帶（strengthening-band）

被稱為「潛艦之父」的約
翰‧菲利普‧霍蘭。
照片：美國海軍

霍蘭六號潛艇。
照片：美國海軍

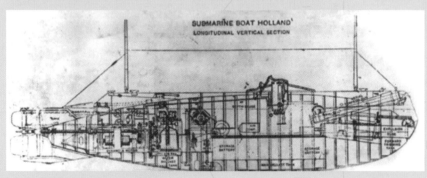

美國海軍所採用的霍蘭號潛艇圖示。
照片：美國海軍

1-3 日本的首艘潛艦
～初次相遇是在伊斯坦堡

在和歌山縣南端的潮岬附近有個名為「樫野崎」的地方，豎立著一座雄偉的慰靈碑。這座慰靈石碑的建造是為了撫慰與紀念因土耳其「埃爾圖魯爾號」軍艦海難事故而去世的人們。

埃爾圖魯爾號是在西元1890年9月遭逢巨大風暴而遇難的，因為當地人們奉獻自己的微薄積蓄，並且發起奉獻救援活動，才能有多達六十九名漂流至樫野崎的船員們得以生還。

這次事件因而也成為日本與土耳其之間的友好關係基礎。隔年，為了將船難生還者送回土耳其，「比叡號」與「金剛號」兩艘軍艦便被派往伊斯坦堡，而此次因搭乘的軍官確認了這兩艘潛艦的存在，所以這也可說是日本與潛艦的初次相遇。

之後到了1897年，一位身為美國建造中「笠置號」軍艦交船要員而赴美的軍官，聽到了霍蘭號潛艇試航的相關新聞，便向造船公司提出協商，結果對方答應船艦試航與魚雷發射試驗時都能在場。因為當時美國提議「轉讓船艦」，所以該軍官便將此事報告給山本權兵衛（譯註：西元1852年～1933年，薩摩藩士出身，曾擔任海軍大臣、外務大臣、首相等職務。）海軍大臣，但之後並未購進。

次年，派駐美國的井出謙治大尉（譯註：西元1870年～1946年，曾擔任過日本許多潛艦的艦長，後晉升至日本海軍上將與軍事參議官等職務。）提出名為《霍蘭號潛航水雷艇相關報告》的報告書。在日本與俄國關係逐漸惡化期間，原本計畫購入四艘霍蘭型潛艇，但最後仍然未見計畫成交。

西元1904年，日俄戰爭正式爆發，且5月15日即發生「八島號」與「初瀨號」等戰艦沉沒事件，之後因許多艦艇沉入大海或是受到損傷，所以日本海軍便擬定了「艦艇緊急補充計畫」。其

中包含了向美國電船公司（Electric Boat Company）下訂的五艘
潛艇。

埃爾圖魯爾號是作
為答禮使節而被派
遣至日本的，當時
停泊在橫濱港長達
三個月時間。之後
因歸途遇上颱風襲
擊而沉沒。
照片：維基百科

位於樫野崎燈塔旁
的土耳其軍艦遇難
慰靈碑。現今仍每
隔五年舉行一次追
悼儀式。

1-4 潛水艇與航空器的合體
～只有日本海軍達成實用化

　　潛艦最大的優勢就是深潛於大海之中，我們稱之為「隱密性」，也是接下來常常會提到的一個語詞。藉由這樣的隱密性，船艇即可侵入敵人或是有可能在對手勢力範圍內蒐集情報而不被發現。

　　不過，為了要在不被對方發現的情況下潛航入侵以蒐集資料，潛艦必須升高潛望鏡（Periscope）以搜查匯集各種訊息。如果以潛望鏡觀察時僅升至略高於水面，可見範圍非常有限，也無法察看較遠的區域，所以藉由潛艦來進行監視與偵察工作還是有所限制的。

　　但航空器（Aircraft）的出現即彌補了潛水艇這項缺點。在出現「**藉由潛艦搭載航空器以監視、偵察敵方重地**」的構想後，各國海軍於1920年代即進行了各種測試與實驗。這裡我們則舉出英國海軍的Ｍ２潛艦及法國的「速科夫號潛艦（submarine Surcouf）」等例子。不過上述例子都未脫離實驗領域，真正予以**實用化且正式加以運用的只有日本海軍而已**。

　　第一次世界大戰之後，日本海軍將潛艦定位為「輔助艦隊決戰的兵力」，並計畫建立具有外海行動能力的大型潛艦。日本海軍在獲得德國U142型潛艦圖示後，便開始打造被稱為「巡潛1型（Type J1 submarine）」的巡洋潛水艦。其中的伊號第五潛艦在艦橋（bridge）後方安裝了可將小型飛機分解收納的「格納筒」，並且搭載了小型的水上偵察機。之後，日本海軍陸續建造了巡潛2型、巡潛3型、巡潛甲型、巡潛乙型等船艦，並且分別搭載了小型水上偵察機，而巡潛3型甚至搭載了96式小型偵察機（Watanabe E9W TYPE 96），而巡潛甲型、巡潛乙型搭載的則是零式小型水上偵察機（Yokosuka E14Y TYPE 0）。

正在進行水上飛機準備工作的英國M2潛艦。
照片：海軍雜誌《空與海》（海與空社，西元1933年）

伊400型潛艦。此照片是向美軍投降之後的伊401型潛艦。
照片：維基百科

伊25型潛艦的水上偵察機曾轟炸美國本土

　　巡洋潛水艦中，其中一艘伊25型潛艦（Japanese submarine I-25）則搭載了特設兩枚燒夷彈的零式小型水上偵察機而航向美國西海岸，並在西元1942年9月朝著奧勒岡州展開轟炸。雖然攻擊結果僅是引發森林大火，但自1812年英美戰爭後就未曾遭受外國攻擊的美國，卻因而受到極大衝擊。

日本海軍當時甚至決定開發可攻擊美國西海岸或是巴拿馬運河（Panama Canal）的潛艦及相關搭載飛機。西元1944年12月30日，標準排水量（standard displacement）達3530噸、全長122公尺、以14節（knot，14節的速度約為26km/h）速度航行的續航，距離可達3萬7千海浬（約為6萬8500公里），簡直可稱為「海底空母」的特型潛水艦一號艦——伊400型潛艦（I-400-class submarine）正式開始服役。至於搭載的飛機，則是在歷經一番波折後，決定為三架沒有浮筒時，即可搭運800公斤炸彈或是魚雷一枚的「晴嵐」水上攻擊機（Aichi M6A）。除了特型潛水艦之外，亦稱為「巡潛甲型改2」的伊十三型潛艦（Type AM submarine）與伊十四型潛艦（submarine I-14）也都搭載了兩架「晴嵐」水上攻擊機。

　　除了原本計畫的美國西海岸與巴拿馬運河之外，特型潛水艦亦曾出擊美軍根據地的烏利西環礁（Ulithi），但因攻擊前就已停戰，所以美軍在經過各種實驗與測試後，已將其擊沈入海。現在，此艘特型潛水艦正永眠於夏威夷的海面之下。

零式小型水上偵察機。1942年9月自伊25型潛艦起飛出擊的機體，也是唯一轟炸過美國本土的軍用飛機。
照片：維基百科

搭載彈道飛彈潛艦的出現
～作為核武阻嚇力量的存在

　　第二次世界大戰末期，德國著手開發及使用V-1飛彈（V-1 flying bomb）、V-2火箭（V-2 rocket）來攻擊英國。戰爭結束後，德國的火箭技術也隨著技術人員移轉至美國與舊蘇聯。

　　美國在1950年代中期開發出射程約1000公里的**RGM-6獅子座一型飛彈（Regulus I）**，然後接著完成射程約2200公里且可搭載核子彈頭的**RGM-15獅子座二型飛彈（Regulus II）**。建造中的「灰鯨號（USS Grayback，SSG-574）」與「黑鱸號（USS Growler SSG-577）」兩艘潛艦也進行改造以搭載獅子座二型飛彈，所以便在艦首處裝上兩座獅子座飛彈的格納筒，並於緊鄰艦橋前方區域設置發射台。

　　不過，因為「灰鯨號」與「黑鱸號」兩艘潛艦都是常規動力潛艦，行動力有所限制。因此，美國海軍便決定建造搭載獅子座二型飛彈的「大比目魚號（USS Halibut，SSGN-587）」核子動力潛艦。

發射獅子座飛彈的美國海軍大比目魚號。
照片：美國海軍

當時潛艦發射獅子座飛彈時必須浮出海面，而且還要引導至最後才能命中目標，可是卻沒有能夠引導深入敵區攻擊的方法，所以美國海軍便決定開發可從水中發射飛彈，且在發射初期階段予以若干引導，之後就交由彈道引領到達目標的彈道飛彈。

　　這樣製作完成的就是UGM-27北極星飛彈（UGM-27 Polaris）。因為在「大比目魚號核子動力潛艇」正式服役時，北極星飛彈的計畫也已頗具雛型，所以美國海軍便決定中止獅子座二型飛彈的生產。不過，「大比目魚號核子動力潛艇」還是將設置在艦首的獅子座飛彈格納筒加以活用，並藉由特殊任務而扮演活躍的角色。

美國首艘戰略核子潛艦展開任務

　　開始進行北極星彈道飛彈開發工作的隔年——西元1957年，美國海軍即訂製了作為北極星飛彈發射母體的潛水艇。因為此艘潛艇屬於全新設計，來不及從頭開始製作，所以便將建造中的「鰹魚級核子動力潛艦（USS Skipjack, SSN-585）」船體對半切開，並使用了將裝有16座飛彈發射器（missile launcher）艙區（subdivision）裝入此空間中的工法來打造船艦。包括中國的「夏」級及「晉」級彈道飛彈核子動力潛艇都同樣採取此種建造工法，然後喬治·華盛頓號彈道潛艇（USS George Washington SSBN-598）便於西元1959年開始正式服役。

　　隔年6月30日，「喬治·華盛頓號彈道潛艇」在潛航狀態下發射北極星彈道飛彈的測試成功，並且發送了「Poralis-Out of the Deep to Target. Perfect」的訊息。幾個月後，喬治·華盛頓號彈道潛艇便展開了美國首度的戰略核武阻嚇任務。

正式開展世界最初真正核武阻嚇任務的彈道飛彈核子動力潛艇「喬治·華盛頓號彈道潛艇」。
照片：美國海軍

三叉戟飛彈（Trident missile）的發射。三叉戟飛彈是美軍使用的潛艦發射型彈道飛彈。從1979年開始正式配備，1990年開始則搭載現今的性能增強型。此型飛彈為使用固體燃料的三段式飛彈，射程據說可達7360至12000公里，同時還能攜帶8枚475千噸當量（kt）的核彈頭。這種核彈頭是被「MIRV」化設定的分導式多彈頭（multiple independently targetable re-entry vehicle），也就是當彈頭再次進入大氣層後（Re-entry），就會各自朝本身目標追擊飛去。搭載彈道飛彈的「俄亥俄級」核能動力潛艦（Ohio-class submarine）即裝設了24枚這類型的飛彈。
照片：美國海軍

飛行中的戰斧巡弋飛彈（Tomahawk cruise missile）。此為美國海軍所使用的巡弋飛彈（cruise missile），大約歷經十年時間完成開發。原本共計有對地攻擊型與對艦攻擊型等種類，但對艦攻擊型已經除役。彈頭為核子彈頭或是一般彈頭。此類型飛彈還有各種衍生型式，射程據說可達460至3000公里。 目前是將第二代、第三代的「洛杉磯」級核子動力潛艦（Los Angeles-class submarine）與「海狼級」核子動力潛艦（Seawolf class submarine）、「維吉尼亞」級核子動力潛艦（Virginia-class submarine），以及搭載彈道飛彈的「俄亥俄級」核子動力潛艦等四艘船艦加以改造為搭載巡弋飛彈的「俄亥俄級」核子動力潛艦。
照片：美國海軍

世界首艘核能動力潛艦
～名為「鸚鵡螺號」的潛艦

西元1946年，距離日本廣島、長崎被投擲原子彈後約一年左右，美國海軍派遣了一位上校前往位於田納西州的橡樹嶺國家實驗室（譯註：Oak Ridge National Laboratory，西元1943年成立，為隸屬美國能源部最大的科學與能源研究實驗室。）他的名字為海曼‧G‧李高佛（Hyman George Rickover），也是之後被稱為「核子動力海軍之父」的重要人物。

美國海軍雖然在西元1939年已提出將核分裂運用在潛艦動力的備忘錄，但因為二次世界大戰期間，優先進行原子炸彈的開發作業，所以使用核分裂的潛艦用動力裝置的開發就被推遲延後了。

李高佛上校持續宣揚核能動力潛艦的構想，最後終於成功取得當時海軍作戰部長尼米茲（Chester William Nimitz）上將的認可。西元1948年，美國原子能委員會（譯註：United States Atomic Energy Commission，AEC。為美國用來管理原能相關事務的政府機構，之後業務改由核子管制委員會與能源研究與發展局負責處理。）決定將「潛艦原子爐計畫」（STR計畫，Submarine Thermal Reactor）列為正式研究項目。

被稱為STR Mk1（即STR I型）的核子動力裝置在愛達荷州（Idaho）的沙漠中以裝在潛艦內部相同的方式加以組裝，並在1953年3月到達臨界點，而連結原子爐與蒸氣渦輪發動機（Steam turbine）的負載測試也持續進行。之後在6月成功以96個小時全力運轉了2500海浬（約4600公里）的航程。藉由STR Mk1這次的測試結果，美國海軍也隨即著手製造實際搭載於潛艦的STR Mk2。

另一方面，因搭載原子爐的潛艦在1950年8月獲得總統認可，所以美國海軍便與民間著名的潛艦建造機構——通用動力電

正進行下水的世界首艘核能動力潛艦，也就是美國海軍的「鸚鵡螺號」核子潛艦。
照片：美國海軍

船公司簽訂合約，正式從1952年6月開始建造潛艦。

「Underway on Nuclear Power」

此潛艦的船型為「GUPPY型」，而所謂的「GUPPY」，就是「Greater Underwater Propulsion Power Program」（水下推進能力改造計畫）的縮寫，Y只是因為諧音而添加的字母。第二次世界大戰後，美國海軍為了提升潛艦在水中的速度與運作性能，便把之前裝在上甲板的大砲撤掉，改以帆罩（Sail）的構造蓋住司令塔（Conning tower，亦稱指揮塔）與潛望鏡等裝備。最早的核能動力潛艦船型就是這種「GUPPY」型。

不過，因為搭載的是原子爐，所以排水量比既有的GUPPY型潛艦來得大上許多，到達了3500噸。

這艘潛艦被命名為「鸚鵡螺號」（USS Nautilus SSN-571），於1954年1月正式下水，並於同年9月以世界首艘核能動力潛艦的身份懸掛美國海軍的軍艦旗（譯註：軍艦旗是用來表示船隻屬於軍用以及所屬軍隊的旗幟，通常會懸掛在艦尾或主桅。），開始正式服役。

1955年，「鸚鵡螺號」潛艦駛離港口正式展開處女航。當時船艦所發出的電報也是宣告核子動力海軍時代已然展開的歷史性訊息。

「Underway on Nuclear Power（以核子動力前進中）」。

創下未使用通氣管（Snorkel，參考3-5章節內文）而連續潛航達1381海浬（大約為2558公里）、航速16節（約30km／h）的連續水中高速航行，以及連續潛航時間達90個小時等各項紀錄的「鸚鵡螺號」潛艦，在1958年發出「現正通過北緯90度」這則訊息的同時，也獲得全世界首次潛航通過北極點的榮譽。「鸚鵡螺號」潛艦是在潛航狀態下通過北極點的，而得到浮出北極點水面榮耀的則是「鰩魚」級核能動力潛艦的一號艦——鰩魚號（USS Skate , SS-305）。

世界首艘核能動力潛艦——「鸚鵡螺號」。
照片：美國海軍

全球首次於極點（North Pole）浮出水面的美國海軍核能動力潛艦鰷魚號。
照片：美國海軍

第2章 潛艦的構造

在海中行動的潛艦有著什麼樣的構造呢？

在本章中，我們將針對潛艦使用的承受水壓構造、可在海中加速的船型，以及船艦行動時不可或缺的各種船舵功能等相關內容加以解說。

海上自衛隊的「雲龍」號潛艦（JS Unryu, SS-502）。帆罩側面裝設的是用來控制深度的潛舵。

照片：日本海上自衛隊

內殼、外殼、上層建築
～潛艦的構造❶

內殼

　　潛艦船體與其他船隻船體有所差異的原因，來自於潛艦需在水中行動。所謂在水中行動，即代表船隻與水壓之間的戰鬥，所以對抗水壓以確保機組人員及裝備機器空間的船體就稱之「耐壓殼體（pressure hull）」。

　　耐壓殼體的性能決定了潛艦能夠潛至水底的深度。因此，潛艦大多使用「超高強度鋼（ultrahigh-strength steels）」作為耐壓殼體的原料。另外也有像俄羅斯阿爾法級核能動力潛艦（Alfa class submarine）那樣採用鈦金屬（Titanium）的潛艇。但鈦除了焊接不易之外，還有價格昂貴等問題，所以並不是潛艦普遍採用的船殼材料。

　　製造潛艦內殼的第一步就是從折彎超高強度鋼的板金開始。這個步驟需要花時間慢慢折彎。至於為何需耗時緩緩折彎，原因就在於避免元件材料裡頭殘留應力。若從外部對物體施加壓力，物體的內部就會產生維持原有形狀與尺寸的阻力。這就是所謂的「應力」，而且有時還會因為施加壓力的不同，產生去除外力後物體內部仍殘留阻力的情況。如此一來，就容易出現物件損壞等情況。一旦內殼金屬發生應力殘留的情況，就會降低船體對抗水壓的能力。因此，彎折板金時務必避免應力殘留。

　　當板金完成彎折程序後，接著要焊接邊緣以接合殼體，但此焊接步驟同樣需要特別的技術。一般的焊接是在熔焊時予以急速加熱，並在短時間內就恢復常溫。

　　物質在這種加熱、冷卻的循環中雖然會出現膨脹、收縮的情形，但有時會因為焊接部位週邊材料的緣故導致無法膨脹、收縮，進而造成焊接週邊區域產生或是殘留應力。船艦內殼若是殘

留這類應力就會造成很多問題，所以內殼必須在極為嚴格的管理下進行特別的熔焊程序。

這種能夠處理潛艦耐壓船殼焊接作業的職工在造船廠享有特別的地位。另外，耐壓船殼之所以被稱為「**內殼**」，原因在於我們後面會提到，當潛艦船殼構造為複殼式或是馬鞍（saddle）型時，耐壓船殼會位於內側的緣故。

外殼

外殼的名稱是來自於「組裝在耐壓殼體外側的船殼」。這種外殼與內殼之間形成的空間被稱為「**主壓載艙**」（**main ballast tank**，以下皆以**MBT**標示）。據說日本海上自衛隊的潛艦部隊多會大聲複誦「main tank」這個詞語。MBT在潛艦潛航或是浮出水面時都扮演著重要角色。有關潛航與浮出水面的部分，我們將於後文再稍加詳細解說。

外殼頂部對應著各個MBT的地方都裝設有讓空氣流通的閥門，稱之為通氣閥（vent valve）。另一方面，外殼船底附近名為「流水孔（flood port）」的孔洞是保持開啟的。因此，潛艦可說是「浮出水面時的狀態是很不穩定的」。

潛艦的外殼還有一個重要的功能，就是讓船體保持光滑，以降低船艦阻力及提升在水中的運作性能，同時抑制噪音產生。船體的阻力是船隻與密度較高的水互相作用後必然產生的結果。

船體的阻力被認為是黏滯摩擦阻力（viscous friction drag）、黏性壓差阻力（viscous pressure resistance）、波動阻力（wave drag），以及碎波阻力（wave breaking resistance）等阻力的總和。若在水中移動圓筒，圓筒後方就會出現渦流，且此部位的壓力也會變低。當壓力變低的部分開始恢復原狀時，就會產生將圓筒拉回原處的力量，也就是所謂的黏性壓差阻力。如果把圓筒設

計成流線型，即可減輕此種黏性壓差阻力。

　　與伊號潛艇及U型潛艇（Undersea boat，簡稱U-boat）不同的是，現代潛艦幾乎全部的行動時間都深潛於水中，所以非常重視船艦在水中的速度、運動性能，以及降低黏性壓差阻力。這麼一來，最後採用的是眼淚般的船型，也就是被稱為「淚滴型（teardrop hull）」或是「青花魚型（albacore hull）」的船型。不論哪種船型的用意都相同，也都是重視降低黏性壓差阻力的結果。利用名為帆罩的流線型構造物將潛望鏡與雷達桅杆（Radar Mast）之類設備包覆起來的原因，就是要抑制噪音產生，同時也能降低黏性壓差阻力。

內殼與外殼的關係

　　潛艦可以從內殼與外殼的構造關係區分為幾種類型。

單殼式

　　無外殼，MBT裝設於內殼當中。這種形式的潛艦應該數量極為稀少，幾近於沒有吧！

半複殼式（馬鞍型）

　　外殼組裝在內殼的部分區域。只要想像「大和」戰艦等船艦的船腹（bulge，若因改裝而造成船艦重量增加時，為了維持恢復原狀的性能而黏附在舷側的鋼板。另一個作用可限縮魚雷或是砲彈入水後導致的災害程度），或許就會有概念了。

　　第二次世界大戰採用的伊號潛艇與U型潛艇等幾乎都是利用這種方式。

單殼式、半複殼式、複殼式的示意圖

單殼式

半複殼式

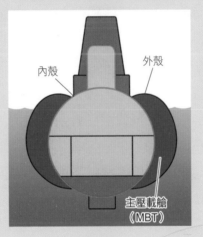

複殼式

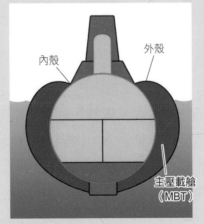

參考：《潛航》山內敏秀／著，かや書房，2000年，第40頁。

複殼式

複殼式艦艇的外殼裝設方式好似全部蓋住內殼一樣。因為要確保較大的預留浮力（reserve buoyancy），或是像舊蘇聯及現今俄羅斯潛艦那樣有助於取得裝設飛彈發射筒空間等因素，所以目前一般潛水艦也幾乎都採用這種型式。複殼式的變形為「部分複殼式」，像是「親潮」級潛艦、「蒼龍」級潛艦就是符合這種建造方式的潛艦。這也是因為潛艦船體側邊裝設了提昇偵測能力的側翼陣列聲納（Flank Array Sonar，FAS），所以形成了「部分複殼式」。

好像寫了很多理論相關內容，這裡我們就請大家猜個問題吧！那就是潛艦的船錨究竟位於何處呢？

伊號潛艇、U型潛艇與水面艦艇（surface ship）一樣，通常都是在艦首舷側裝設名為「山字錨（stockless anchor）」的船錨。不過這種山字錨對於現代潛艦會造成阻力或成為噪音來源，所以已不再使用。

因此，這個問題的正確答案就是艦底，裝設在潛艦的船錨形似蕈菇有著「蕈狀錨（mushroom anchor）」的名稱。即使乘坐艦艇，有時也只能在船隻進入碼頭時才能看到這種蕈狀錨。

上層構造物

所謂「上層構造物」，如同名字一樣，指的是設置在船艦內殼或是外殼上方的構造物，像是帆罩、上甲板等。

就像前面提過的，裝設帆罩的用意是要抑制潛望鏡在水中動作時產生的噪音，或是降低在水中的阻力，而且帆罩當中還有海水能夠自由流動進出的空間。

上甲板除了提供船員們可以移動的空間外，也會裝設船艦停泊時會用到的導索器（fair-leader）與繫栓（cleat）等器材。海上

日本海軍的伊號第56潛艦。可看到艦首左舷處裝有船錨。
照片：日本國立國會圖書館

日本海上自衛隊吳史料館所展示的原「秋潮（JS Akishio, SS-579）」號潛艦的蕈狀錨。
攝影協力：日本海上自衛隊吳地方總監部

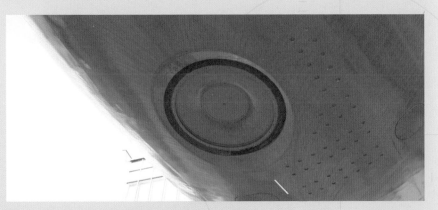

收納船錨的錨座。為了安全起見，放出錨鍊的開口實際上都是附上蓋子的。
攝影協力：日本海上自衛隊吳地方總監部

自衛隊的潛艦甚至還會設置可以收納鋼纜（hawser）這種停泊用纜繩的空間。

　　導索器與繫栓這類物品因為只在船艦進港時才會使用，所以若在船艦潛航時跑出來就會導致噪音，反而造成更多困擾。因此，繫栓就被製成回捲式，當船舶出港後就滑過船體表面而回捲收納。鋼纜的格納庫通常會在上甲板處裝設蓋板，而且還會以好幾個鉤子牢牢固定。因此，當船艦出港後，作業人員就要先在上甲板處檢查導索器與繫栓是否確實收納、緊緊繫住，或是蓋板與各處鉤子是否牢牢蓋住且鉤緊。接著由身為上甲板指揮官的水雷長（weapon officer）由最前端逐項檢查至後方，這就是所謂的「上甲板檢查」。

　　如果是海上自衛隊潛艦的話，則是會在出港前日進行名為「上構檢查」的點檢作業。在潛艦的上部構造物下方，有個雖然狹窄但仍有一定程度的空間，其中裝有許多電線與管道，所以船艦人員必須檢查這些電線與管道是否鬆脫以避免成為噪音來源。另外，主壓載艙（MBT）頂部的通氣閥也是我們可以在上部構造物當中看到的設備。上部構造物下方如果因為鐵銹或是垃圾卡住閥門，同樣會很麻煩，所以也必須事先檢查以去除垃圾之類物品。

正在進行停泊作業的美國海軍圖森號核能動力潛艦（USS Tucson, SSN-770）。上甲板上的艦艇人員正將鋼纜繫上繫栓。
照片：美國海軍

美國海軍的「奇威斯特號（USS Key West, SSN-722）」核能動力潛艦上正在收納停泊裝置的艦艇人員。這項作業會在完成出港作業後立即執行。
照片：美國海軍

主壓載艙

MBT（main ballast tank，MBT）是由於內殼與外殼所形成的水艙，潛艦浮出水面時可提供預留浮力，並維持潛艦的漂浮狀態。水艙頂部裝有流通空氣的通氣閥，水艙下方則是如同後文所述，除部分水艙外，都開著被稱為「流水孔」的孔洞。

如果去除裝有高壓空氣蓄氣器（air reservoir）的艙間，裡頭可就空空的。有些美國與俄羅斯的潛艦則是會將巡弋飛彈的發射筒設置在MBT的空間當中。美國的核子動力潛艦被認為是裝在前方的MBT，而俄羅斯則是應該設置在舷側的MBT。

當潛艦因為維修而駛進船塢（dock）時，就一定會有所謂的「艙室檢查」，也就是檢查MBT裡頭。因為當中只有一部分MBT裝有高壓蓄氣器，所以是一個相當寬闊的空間。在MBT當中，幾乎就在船體中央附近，還會有個當作燃料槽使用的壓載艙，特別稱之為「燃油壓載艙（fuel ballast tank，以下均稱之為FBT）」。在燃油壓載艙下方並沒有流水孔，而是裝有排水閥（flapper valve），當艙室作為燃油壓載艙使用時，就會保持在緊閉的狀態。

這裡話題先從MBT轉開，並向大家提出一個問題。那就是潛艦如果搭載燃料，潛艦的整體重量會出現何種變化呢？

航行在水上的船艦因為船體當中設有燃料艙，所以搭載燃料會讓船隻的重量增加。但如果是潛艦的話，因為必須考慮到水壓的問題，所以必要區域都會製作為內殼那樣的耐壓構造。

不過，若許多區域都裝設為耐壓構造的話，不但船體重量會增加，包括潛艦的價格也會變貴。

因此，當潛艦的燃料艙為非耐壓艙時，艙室內部與外部就好

似連結在一起，且艙內與艙外保持相同水壓。因此，艙內的結構就會呈現燃料與海水一起「同住」的狀態，一旦消耗掉燃料，海水就會增加以填補這個部分。

　　所以當潛艦搭載燃料時，燃料就會將海水排出，而比重較海水更小的燃料如果愈多，排出的海水就會讓潛艦的重量變得更輕。也因為如此，這個問題的正確解答就是「變輕」。這同時也是潛艦能夠在水中保持穩定潛航的一大重要因素。

潛艦的舵

　　我想大家都知道船舶為了運動，會在深潛水中的艦尾附近設置舵（rudder）。當船艦要向右邊轉彎時，只要把裝在艦橋或是

目前為海上自衛隊吳史料館（暱稱：鐵鯨館）的原「秋潮」號潛艦的流水孔。原本孔穴應該是打開的，但為了安全起見而裝設了柵欄（將鋼材與鋁材格狀化）。

攝影協力：日本海上自衛隊吳地方總監部

船橋的舵輪向右轉，舵也會跟著向右轉動。結果，船艦就會向右轉了。這個動作稱為「向右迴轉」，而為了向右轉而使舵輪亦朝右轉的動作稱為「右舵或是外舵」，在日本的傳統說法則為「面舵」。相反的，向左轉時稱為「左舵」，在日本的傳統說法為「取舵」。

這裡我們岔開話題，先討論一下與後文也有點關係的部分。當水面上的船舶要轉向時，船體在剛開始轉彎的階段會先出現內側的傾斜，然後再向外側傾斜。所以大家可以發現為何看到迴轉中的船隻照片時，大多都是向外側傾斜的原因。當然，航行在水面上的潛艦也是如此。

不過，潛入水中的潛艦所顯示的動作卻不同。當在水中進行迴轉時，潛艦就會與飛機一樣，都是朝往迴轉方向傾斜，有關的部分後面我們會再稍加解說。

現在繼續回到船舵的內容！一般水上船舶都只有一個舵輪（為了提高船舵性能，有時也會看到裝設兩片舵板的情況），但潛艦卻有三個。不過，若是翻譯成為英文，等同於「Rudder」的物件還是僅有一個，其餘兩個的英文名稱則為「Rudder plane（舵平面）」，也就是翅膀的意思。但在日本都稱為「舵」，並分為縱舵（rudder、vertical rudder，尾舵、垂直舵）、潛舵（bow plane，艏水平舵；sail plane可收放水平舵、diving plane，水平翼），以及橫舵（zero bubble、horizontal rudder，水平舵）等種類。

這裡我們要提一下的是，在針對海上自衛隊潛艦進行解說時，有些讀者可能會覺得沒有見到或是難以了解詳細發展過程，這類情況就請大家參考次頁的上方圖表。

日本海上自衛隊的潛艦變遷

| | 1960 | 70 | 80 | 90 | 2000 | 10 |

初代親潮號【1500噸】1955年出借給美國海軍

親潮號【1100噸】1960年6月30日正式服役

早潮級【750噸】四艘。1962年6月30日正式服役

朝潮級【1600噸】五艘。
1966年10月13日正式服役

渦潮級【1800噸】七艘。
1971年1月21日正式服役

夕潮級【2200噸】十艘。
1980年2月26日正式服役

春潮級【2400噸】七艘。
1990年10月30日正式服役

親潮級【2700噸】十一艘。
1998年3月16日正式服役

蒼龍級【2900噸】一艘。
2009年3月30日正式服役

近代化

此變遷圖為2009年蒼龍級潛鑑正式服役時所製作。

參考：日本海上自衛隊資料

日本海上自衛隊吳史料館（暱稱：鐵鯨館）的原「秋潮」號潛艦的右潛舵。潛舵前端裝有右舷燈，也是一個航海燈（綠色燈光）。另外，照片中右側從帆罩伸出的是潛望鏡，左邊是被稱為「四公尺整流天線（rectifying antenna）」的通信天線之一，以氣壓方式升高或降低。

攝影協力：日本海上自衛隊吳地方總監部

縱舵

　　如同其名稱所顯示的，對著潛艦縱向垂直設置，也等同於水上船舶的舵，稱之為「rudder」。如果是水上船艦，垂直舵在構造上只能裝在水面下，但如果是潛艦的話，可以上下成對裝設，像是日本從「渦潮」級潛艦開始到「親潮」級潛艦為止，都是採用兩片成對舵板的垂直縱舵。順道一提的是，由舊蘇聯開發，中國導入的基洛級潛艦似乎設置的是上側的舵板，但其後繼船艦──拉達級潛艦（Lada-class submarine）應該裝設的是上下成對的垂直縱舵。

潛舵

　　潛舵根據其裝備位置可分成英文名稱為bow plane及sail plane這兩種。就像潛舵的「潛」所顯示的，是用來控制潛艦深度的舵。若將潛舵操作為「**向上操舵**」，潛艦就會上升；「**向下操舵**」，潛艦就會下潛。

橫舵

　　橫舵與縱舵的組裝方式剛好為直角，用來控制潛艦的**姿態角**（attitude angle，仰角）。所謂的姿態角，就是指船體向上或向下的語詞，船艦在水中時原則上都會讓船身保持水平。海上自衛隊稱「**前後水平**」，在英文中，也稱之為「zero bubble」。這是因為以泡型水平儀保持水平時，當中的氣泡會指在「0」的位置，所以才會產生這樣的說法。

　　我們在前面曾經介紹過，當潛艦的船體在水中轉向時，會朝向轉彎方向傾斜。如果在水中將舵全力轉向右舷或是左舷，船體的傾斜角度甚至會比大家想像得更右或是更左。這麼一來，縱舵

縱舵與橫舵，可以看到縱舵的上下舵板與橫舵的左舵板，且只露出些許右舵板。另外還能見到縱舵下方舵板右側的潛艦用拖曳式聲納的發送孔。為了安全起見，螺旋槳都附有平衡裝置。

攝影協力：日本海上自衛隊吳地方總監部

也會以相同角度傾斜，除了產生轉彎效果，船體也會同時開始向下動作。

這個動作也開始會對潛艦造成危險狀況。

因此，為了避免危險，縱舵與橫舵並不會使用十字型的布局，而是改採**X型**的配置方式。一般都通稱為「**X型尾舵**」，也就是日本「蒼龍」級潛艦所使用的尾舵型式。因為蒼龍級潛艦無法辨認何者為縱舵、何者為橫舵，所以都因其位於艦艇後方而稱為「後舵」。

調整櫃

潛艦在水中行動的基本原理就是「阿基米德定律（Archimedes' principle）」。因此，**潛航中的潛艦如果出現承受浮力與重量無法相抵的情況時，就無法在大海中安定平穩地行動。**

潛艦出航後，每天都會消耗許多燃料與食物，而且有時可能還會發射魚雷。因此，潛艦的重量其實是時時刻刻都在變化。加上艦內機組人員為了某些原因而聚集移動到潛艦內某個區域時，雖然整體重量沒有變化，但還是會失去前後平衡。

另一方面，海水的狀態並非永遠保持恆定，若是進入新聞經常報導的冷水團（cold water-mass），或是黑潮主流等暖洋區域時，海水溫度一旦有所變化，海水的比重也會跟著改變，進而對浮力造成影響。這裡要特別說明的是，所謂的冷水團指的是與海水性質幾乎相同，但海水溫度較周圍來得更低的海水團塊，較大的海水團有時半徑甚至到達200公里。另外，當潛艦改變潛水深度時，淺處的海水與深處的海水狀況並不相同，當然對於浮力也會造成影響。

就是因為環繞潛艦的浮力與重量之間關係隨時都會產生變化，所以不仔細調整就無法在水中安定平穩地潛航。因此，潛艦

「蒼龍」級潛艦的後舵一號。照片無法看到的對側裝有二號，位於水中的區域則有三號與四號。

當中便裝設了所謂的「調整櫃」，也就是用來調整潛艦重量的水艙。

　　調整櫃位於艦首附近、艦尾附近，以及船體中央區域的左右兩邊，且共計有四座。當要調整潛艦的整體重量、特別是前後的平衡時，調整櫃就會注入或是排出海水。這項作業的直接責任人員是被稱為「潛航指揮官」的船務士、機關士等年輕的潛艦幹部。

調整櫃負浮力艙、安全水櫃、衛生水櫃

　　上面我們已針對調整櫃加以說明，這裡再稍微提一下其他幾種水艙的用途。

　　第一種水艙是「負浮力艙（negative tank）」。負浮力艙裝設在船體較中間區域更稍加靠近艦首之處。所謂的負浮力艙就是施予潛艦負浮力的水艙。

其中一個目的就是讓潛艦能夠快速潛航。因此，潛航前所進行的作業就是要先將負浮力艙注滿海水。如此一來，潛艦就能夠更為快速地潛入水中。

但當潛艦完全進入海水後，負浮力艙的任務就即到此結束，所以會用高壓空氣（high-pressure air）排出艙櫃中的海水。

第二種稱之為安全水櫃（safety tank）。相對於負浮力艙給予船艦負浮力，安全水櫃則會提供正浮力。艦艇在潛航前進行滿水作業後入水潛航，當水中發生緊急情況時，就會讓安全水櫃進行排水，潛艦就能獲得最低限度的必要浮力而浮出水面了。

像這類情況，因為安全水櫃排水時容易造成潛艦不穩而發生危險，所以幾乎都被安裝在船體的中心區域。不過，日本的情況是在某個時期開始，完全廢止安全水櫃這類設備，遇到緊急情況時改用來自蓄氣器的高壓空氣直接灌入主壓載艙以排出海水，就能緊急浮出水面了。

第三種則是衛生水櫃（sanitary tank）。相較於潛艦的行動，這種水艙其實與艦上人員的生活關係更為密切。這些艦艇人員每天都生活在潛艦的艦內，包括洗臉、用餐、洗碗、入廁等，有時還會沖澡。這裡要順便提一下，其實潛艦內部是沒有浴室的，而且這些污水也無法直接排入大海當中。

潛航中的潛艦不但會承受水壓，而且水壓也是時時刻刻都在變化。因此，艦上污水會暫時貯放在水櫃當中，等滿了以後再排出船艦之外。這種貯放污水的水艙就稱之為「衛生水櫃」，通常會考慮廁所、浴室、廚房等各處的位置後再裝置在附近。

至於排放的方法，則是利用高壓空氣或採用泵浦（pump）等兩種。當使用高壓空氣時，總是會伴隨出現噪音問題，加上排出污水後的衛生水櫃壓力若與艦內氣壓無法保持一致時，會導致無法使用，所以潛艦就要在潛航中進行艙內釋壓的動作。因為此時

排水閥的開關

排水閥

潛艦的廁所。使用完畢後以右側的開關打開排水閥，馬桶內的東西就會沖落衛生水櫃。之後關上排水閥，再打開洗淨海水閥門將海水預留在馬桶內。照片拍攝地點為海上自衛隊吳史料館（暱稱：鐵鯨號）。

攝影協力：日本海上自衛隊吳地方總監部

也要釋放臭氣，所以使用高壓空氣的衛生水櫃排放污水作業就必須在通氣管中進行。

　　衛生水櫃排水結束後，水櫃的壓力就會宣洩至艦艇內部，此時位於通氣管升降桅（snorkel mast）的頂閥（snorkel head valve）就會強制關閉，然後再藉由艦內的柴油引擎（diesel engine）吸走艦內的污臭空氣。當艦內的氣壓低至某個程度時，再打開頂閥吸入外部空氣。這樣反覆進行多次後，先用鼻子聞一聞，再問幾個人看看是否已經沒有問題，如果回答「沒問題了」，換氣作業就結束了。

　　不過，其實還是有臭味殘留在意想不到的地方。某次當艦艇抵達港口後，筆者整理完儀容便興沖沖地跑去喝酒。店裡的人開

口問我：「客人，請問您從事什麼工作啊？」我反問：「你覺得是什麼呢？」結果對方給了讓我十分洩氣的回答：「嗯——是什麼啊？總覺得有種奇怪的臭味呢⋯⋯」

潛艦是大約七十名男性聚集在一起的地方，當然艦內也充滿了男性的氣味、包括柴油引擎運作時也會散發油臭味，甚至還有烹煮食物的臭味。各種味道混雜而成的臭味就這樣飄散在潛艦內部各處，稱之為「柴油味（diesel smell）」，也可說是搭乘一般潛艦的榮耀吧！

艙區

日本海上自衛隊的「蒼龍」級潛艦全長為84公尺。美國的「維吉尼亞」級核子動力潛艦則是全長115公尺。當然，潛艦內部空間的長度會稍微再短一些，若是將艦內空間當作是一個大房間的話，一旦發生進水、起火，或是因作戰而導致災害等情況時，可能瞬間就會波及全艦內部。

因此，為了將進水、火災，或是作戰導致的災害程度降到最低，潛艦內部會使用名為「耐壓艙壁（pressure bulkhead）」的牆壁來隔成幾個房間，這些房間就稱之為「艙區（subdivision）」。

這一間間的艙區會藉由水密門（watertight door）與艙壁閥（bulkhead valve）來確保必要時刻的水密與氣密性，並保持各艙區為獨立空間。萬一，某個艙區發生進水狀況時，也可以關上水密門與艙壁閥，就能夠封住堵起淹水的艙區。

因此，遇到緊急狀況時，潛艦船員必須能在黑暗中快速關閉必要的水密門與艙壁閥。

日本海上自衛隊的潛艦劃分為五個艙區。這五個艙區由艦首方向開始依序稱之為第一防水艙區、第二防水艙區，最後方的是

正在「夕潮」級潛艦廚房裡油炸食物的工作人員。
照片協力：日本海上自衛隊

「親潮」級潛艦的艙區配置圖

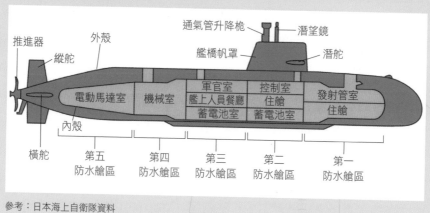

參考：日本海上自衛隊資料

第五防水艙區。

　　各防水艙區的使用方式也有其歷史演進。這裡我們就先來看看「親潮」級潛艦的情況。

第一防水艙區

　　被稱為第一防水艙區的最前方艙區有著「**發射管室**」。就像其名稱所顯示的，這裡會有用來收納發射管與魚雷的架台。從最先採用淚滴型船形的「渦潮」級潛艦至「春潮」級潛艦，這個艙區都是規劃成聲納室與艦上人員的住艙。為了避免對裝在船體最前方的聲納造成妨礙，才會將發射管配置在船體中央區域。

　　隨著技術的進步，即使將發射管裝在艦首也不再對聲納系統造成妨礙，所以第一防水艙區從「親潮」級潛艦開始就成為了發射管室……與其這麼說，不如說是「恢復」才比較正確。之所以這麼說，是因為「渦潮」級之前的潛艦都是將第一防水艙區裝設為發射管室。

　　在這個艙區裡還有個前部的**脫離艙區**。至於「脫離」的部分，我們會在後文稍加說明。

　　另外，發射管室的下部設有**艦上人員的住艙**。艦上人員能夠個人獨占的空間僅有一張床的部分。設在床舖下方的箱子是可以置放私人物品的唯一空間，而且攜入艦艇內的東西也是非常有限的。

第二防水艙區

　　在第二防水艙區裡設置了控制室（**controlling room**）、蓄電池室（**battery Room**）、住艙等艙間。控制室這個區域被稱為潛艦的「大腦」，所有的情報資訊都會匯集到控制室來，再由控制室發出指揮命令。

　　從「渦潮」級潛艦後，只有艦長室被設置在第二防水艙區。

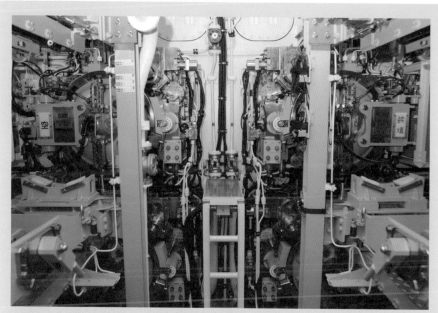

「蒼龍」級潛艦的發射管。右邊的發射管掛著寫有「裝填」字樣的牌子，顯示出已實際裝填
魚雷的狀況。若是未裝填的話，則是會像左側發射管那樣掛著寫有「空」字樣的牌子。

照片協力：日本海上自衛隊

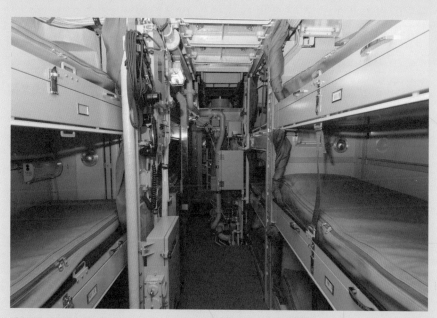

「蒼龍」級潛艦艦上人員的住艙。「從床上一躍而起」之類的動作當然不可能出現，大概只
有能夠「轉身」的空間吧！

照片協力：日本海上自衛隊

目的即如同前文所提到的，就是要避免當潛艦發生緊急事故而關閉水密門與艙壁閥時，艦長卻不在控制室當中的情況。

在控制室的右舷側還會有名為「作戰組（operation section）」的區域，並且配置了進行作戰時所需要的機器。這裡的核心就是作戰指揮系統（Combat Direction System）。雖然這個稱呼有著各式各樣的相應內容，但在本書中的作戰指揮系統，指的是潛艦為了作戰而分析情報資訊，並且管制發射魚雷或是飛彈的配置單位。

潛艦的科學技術，特別是電腦技術的進步，是歷經好幾世代作戰指揮系統之後所進化改善而成的。有關潛艦作戰的相關基本事項，我們會在後面稍加解說。

在船體幾近於中心線上，會以前後方向裝設潛望鏡。美國的核能動力潛艦似乎採用的是左右並排裝設的方式。潛望鏡基本上屬於光學機器。日本的潛艦因得到世界最高水準的光學技術支援，所以裝設的也都是全世界最優異的潛望鏡。

不過，潛望鏡的進化當然也是持續不斷發展的。首先，是在只藉由光學運作的潛望鏡上裝設雷達，接著裝設了可探查敵人雷達波（特別是飛機的雷達波）並發出警報的早期警備用ESM（Electronic Support Measures，電子支援設備。偵查敵人電波的設備，也就是日文所說的「逆探」）。然後是可在完全黑暗中辨識目標的夜視鏡（night vision device，NVD），並又納入可讓多人共享資訊情報的影像裝置，改善以往只能單獨一人視察目標的缺點。

之後，「蒼龍級」潛艦將其中一隻潛望鏡改為非貫通型潛望鏡。所謂的「非貫通型」，是指潛望鏡並未貫通內殼。既有潛望鏡都是將伸出水面對物鏡（objective lens）所接收到的光線傳送到位於潛艦內部的接目鏡（ocular lens）的基本構造。

「親潮」級潛艦的艦長室，也是潛艇內部唯一的單人房，可以坐在床舖上休息（照片中的床舖已經收起來變成沙發了）。床舖旁邊亦設置了必要的通信系統，還有艦長能夠即時確認資訊情報的顯示器等各種裝備。
照片協力：日本海上自衛隊

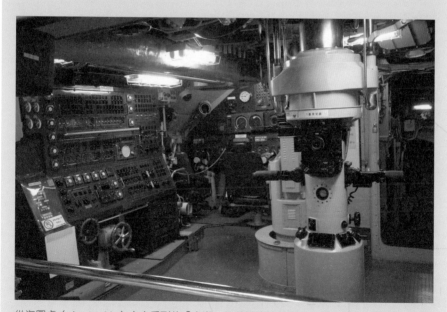

從海圖桌（chart table）方向看到的「夕潮」級潛艦的控制室左舷側的樣子。位於中央稍稍靠右的是第一潛望鏡，然後是後面只露出些許身影的第二潛望鏡。左手邊裡頭是操舵席與操作面板。位在左邊的是壓艙控制儀表板。攝影地點為海上自衛隊吳地方總監部。
攝影協力：日本海上自衛隊吳地方總監部

因此，潛望鏡是在光學部分有各種精密設備的長筒，並以貫通潛艦內殼的方式組裝設置。

　　相對於此種貫通型潛望鏡，非貫通型潛望鏡則蘊藏了眾多現今數位技術，它會將對物鏡所捕捉到的影像轉換成數位訊號而傳送至潛艦內部的作戰指揮系統。所以潛望鏡本身並未貫通內殼，而是只有傳送數位訊號的電線穿過而已。作戰指揮系統接受到這些訊號後，就能夠將其製成影像播放，或是轉為圖像觀看。如果要比喻的話，大家把它當作是規模巨大的智慧型手機應該就很容易想像了。另外，潛望鏡的操作通常也只會在作戰指揮系統上進行。

　　至於非貫通型潛望鏡的最大優點，應該就是**潛望鏡所獲得的資訊可讓所有參與攻擊的相關人員所共有吧**！另外，潛望鏡之所以沒有貫通內殼，是因為這樣會影響內殼的強度。僅是在對抗水壓的內殼上開洞，就足以降低內殼強度。另外，在貫通型潛望鏡的操作方面，也必須兼顧潛望鏡的操作性與貫通部位造成的漏水。如果輕輕轉動潛望鏡就會讓漏水增多，或為了抑制漏水的情況，就必須重重地轉動潛望鏡，當然也很辛苦費力。

　　不過，「蒼龍」級潛艦未將兩隻潛望鏡全改成非貫通型潛望鏡的原因，是因為**當時認為一旦發生緊急事故，作為支援後備的光學潛望鏡還是必要的**。

　　在左舷側還有被稱為「潛水組（diving section）」且用來負責潛艦運航及潛航的機器。「春潮」級潛艦以前則是在左舷最前方處設有名為「操作儀表板（joystick panel）」的操舵席。雖說潛艦擁有三個舵，但當潛艦潛航時，若僅由一人操作這三個舵的方法就稱之為「單人操作（one-man control）」，由兩人操作這三個舵的方法則是稱為「雙人操作（two-man control）」。

　　如果是雙人操作的話，則是由面向艦首且坐在右邊座位的操舵員負責縱舵與潛舵，坐在左側座位的操舵員則是負責橫舵。在

一號潛望鏡與二號潛望鏡。較靠近的是一號潛望鏡，後方的是二號潛望鏡。二號潛望鏡伸出水面且裝有雷達等設備的部分極為粗大，設於艦內的部位也跟著變大。

攝影協力：日本海上自衛隊吳地方總監部

操作儀表板上並列著陀螺儀（gyro repeater）、雷達、深度計、舵角指示器（rudder indicator）等操舵時必須使用的各種儀器。

　　在操舵設備儀表板的正中央處，裝設了當潛艦於水上航行時，用來與艦橋哨戒長（譯註：哨戒為警戒之意，日本潛艦稱值班負責人員為哨戒長。）交談的麥克風兼喇叭。

壓艙控制儀表板（ballast control panel）則是管控潛航與通氣的操作面板，上面裝有顯示潛艦船體對艦外開口處所（例如艦橋艙口、前方艙口、中央艙口、後方艙口等）開閉情況的展示燈號、用來打開或緊閉各通氣閥的開關、讓MBT排水浮升的高壓空氣開關、通氣管的控制裝置、調整櫃的注排水開關等。此外，在壓艙控制儀表板前方則配置了經驗豐富的油壓手、協助的輔助手，以及負責處理潛艦內部通信的IC人員。

到了「蒼龍」級潛艦後，操作儀表板與壓艙控制儀表板開始被統合在一起，再加上自動通氣裝置、主機與電動馬達的遠距遙控操作面板，進一步變更為綜合狀況控制系統（**zip condition control system**）。

當然，因應設備所配置的人員也跟著改變了。到目前為止，操舵席都稱為機動管制（maneuver control），並且配置了一名操舵員。當操舵裝置上類似飛機操縱桿的操縱設備消失後，就改成將類似遊戲機那種操舵桿裝設在機動管制上。油壓手也改稱為潛航管制員，輔助手與IC人員則予以廢除。另外，則加入了主機與電動馬達的遠距遙控操作員。

第三防水艙區、第四防水艙區、第五防水艙區

第三防水艙區則是有軍官室、下方的艦上人員餐廳及廚房，更下層則是蓄電池室。軍官室是自艦長以下的所有艦上幹部用餐及開會的場所，但也能在作戰時當成醫務室使用。據說，軍官室的地毯之所以鋪成紅色，是因為要降低醫療時的血液醒目程度。

軍官室的左舷側，則設有艦長之外，所有搭乘幹部的寢室，分別被稱為第一至第四軍官私室。軍官室通常是三個人使用一個房間，床舖的狹窄程度不太能夠因應船艦人員而改變，即使是編制上為艦長上司的潛水艦隊司令搭乘潛艦，也是必須跟副艦長同

「蒼龍」級潛艦的作戰指揮系統。作戰指揮系統與聲納系統（sonar system）的操作臺是並列配置的。

照片協力：日本海上自衛隊

「夕潮」級潛艦的操作儀表板。看起來有如飛機操縱桿的物體正是操舵裝置。

攝影協力：日本海上自衛隊吳地方總監部

一寢室，而且使用的也是三層床舖的其中一床。

「蒼龍」級潛艦只有第一軍官寢室及第二軍官寢室，第一軍官寢室雖然是三人房，但第二軍官寢室則是九人房。接著是後面的先任軍曹室。

在對面則是配置了**變頻裝置**。所謂的變頻裝置，是用來轉換直流電與交流電的裝置。「蒼龍」級潛艦的其中一個特色，就是牽引馬達採用的是交流電動馬達。這種方法的優點就是可藉由速度轉換而運轉順暢。不過，當船艦在水中行動時，因為利用電池供給直流電力，所以必須轉變為交流電力，而這個變頻裝置設備就是用於此。

從某層軍官室走下斜階梯，就會到達艦艇人員的餐廳。大家在這裡用餐或是進行娛樂活動。艦艇人員餐廳的艦尾側還裝設了「**AIP**」系統機組。後文會針對AIP進行更詳細的解說，所謂「AIP」系統，就是「Air-Independent Propulsion System」的簡稱，也被翻譯為「**絕氣推進**」系統。

第四防水艙區則為**機械室**。這裡有作為主機的柴油引擎與聯結在一起的主發電機。這個區域也是後段的脫離艙區。

第五防水艙區也稱為**電動馬達室**。

這裡裝設了產生送出潛艦推力的電動馬達，而電動馬達藉由推力軸承（thrust-bearing）與推進軸連接在一起，再經由充氣管、軸承而與艦外的螺旋槳相連。充氣筒（inflatable tube）這個名詞應該不是很熟悉。我們在前面也已提到，推進軸貫通了內殼而連繫著艦艇外側的大海。因此，當停泊中的艦艇出現海水由推進軸貫通部位滲漏的情況就糟糕了，所以此時充氣筒會加氣膨脹，以確實防止海水滲入。當然，推進軸開始運轉時也一定要將充氣筒的空氣放掉。

另外，到「親潮」級潛艦為止，都一直在電動馬達後方設置

「夕潮」級潛艦的壓艙控制儀表板。
攝影協力：日本海上自衛隊吳地方總監部

「蒼龍」級潛艦的綜合狀況控制系統。最右側僅能見到稍許範圍的是機動管制的部分，用途則與既有的壓艙控制儀表板相同。照片左側為遠距遙控操作面板，有著綠色桌板檯子的右手邊是主機的遠距遙控操作面板，左邊則是牽引馬達的遠距遙控操作面板。
照片協力：日本海上自衛隊

了驅動縱舵與橫舵舵軸的油壓缸（**oil-hydraulic cylinder**），到了「蒼龍級」潛艦後，就改成裝設四座油壓缸來驅動後舵的各個舵板。

在「蒼龍」級潛艦的軍官室內進行會議，參加者為自艦長以下的艦上幹部。這裡裝設的桌子可於緊急時刻改為手術台來使用。
照片協力：日本海上自衛隊

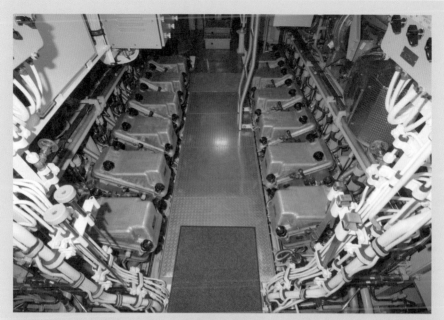

「蒼龍」級潛艦的機械室。「春潮」級潛艦採用的是 12 汽缸 V 型柴油引擎。在此引擎的後方，也就是照片遠處還裝設了直接連結的發電機。另外，這個艙區也是後方的脫離艙區。
照片協力：日本海上自衛隊

「蒼龍」級潛艦的電動馬達室，以及正在確認顯示面板狀況的艦艇人員。
照片協力：日本海上自衛隊

第3章

潛艦的潛航
與浮出水面

潛艦是如何自由自在地潛航及浮出水面的呢？
在本章中，我們將對潛艦潛航與浮出水面的機制進行說明。
另外，對於潛航狀態下用來運轉柴油引擎的通氣管升降桅構造，
同樣也會有詳細解說。

以潛望鏡深度行動的美國核能動力潛艦。不過，這應該是因應攝影用途才採取此種行動。
實際上，潛艦如果真的發生這種狀況，艦長可是會被革職的。
照片：美國海軍

作戰準備
～潛艦的潛航＝戰鬥準備

海上自衛隊的艦艇會因應職掌而訂出各個部門。所謂的「部門」，就是當潛艦面對戰爭、火災、浸水等緊急情況，或在船艦上實施進出港口、通過與航行狹窄水道、起霧且造成視線不良等狀況下的航行等其他一般業務時，預先設定好要採用何種編制、並以何種命令配置艦上乘員，然後再根據何種次序來執行航行的任務。

這當中亦制定了一個名為「作戰準備部門」的單位。就如其名所顯示的，這個部門就是用來為潛艦的戰鬥進行準備，其中包括啟動所有武器、感應器，將潛艦狀態調整至能夠隨時應對各種情況，或是在發生損害時能夠立即關上水密門以限制災情範圍，亦或是打開滅火用管子並預先送水。艦上所有乘員自艦長以下都戴上頭盔、穿上救生衣。所以在進行實際射擊或是魚雷發射訓練之外的訓練時，對於作戰準備的命令，都要特別告示這是「軍事演練」的「平時訓練」。

不過，在潛艦上並無所謂的「軍事演練作戰準備」。潛艦的作戰準備就是潛航準備，而潛艦的潛航與準備開始戰鬥是一樣的。

開始準備作戰後會有何種狀況？

出港後的潛艦會在適當的時機下達「作戰準備」的命令。接著，每個艙區的乘員都會根據一份名為「清單（Bill）」檢查表來逐項進行「這個閥門已經全開」「這個閥門已經全關」「這個開關已經轉至ON」等確認作業。

當所有檢查結束後，位於控制室內的作戰準備狀況顯示面板上的相關艙區滑動開關就會被移到正中央。

接下來，未值班的幹部會察看面板，仔細確認艦上人員是否

已將負責艙區的作戰準備程序完成，然後拿著同一份清單繞行艙區內部，再次確認所有的閥門、開關是否轉至正確的位置。等到全部程序結束後，就會將上述提到的面板滑動開關移向右邊，以顯示該艙區的作戰準備程序已經完成。作戰準備的程序一旦有所疏漏，造成潛航時發生必須打開的閥門無法順利開啟等狀況時，就會產生各種問題，甚至有可能引發嚴重事故。

因此，**在成為潛艦乘員的資格審查中，「作戰準備」也是最重要的項目之一**。如果是幹部，首先會由輪機長（chief engineer）進行全艙區的審查。審查時會繞行艦艇的所有艙區，並由輪機長手持清單依序提出「○○閥門呢？」、「△△開關呢？」等問題，應考人員必須回答提到的閥門或開關位於何處？若是進入「作戰準備」狀態，又應該要保持完全打開還是完全關閉等問題。

另外，若是閥門的話，甚至連轉幾圈可以從全開到全關（或是相反）都要事先了解清楚。這是因為有時閥門看似已經關上，但有可能只是因為卡著什麼東西而不會移動，實際上閥門是沒有關起來的。像這類情況就有可能造成嚴重事故。接下來，會在實際潛航前由一個人單獨進行最後的所有艙區作戰準備。如果能夠順利潛航的話（雖然這也是應該的），就算是合格了。

包括艦艇乘員的手持行李都必須稱重

在開始潛航之前，潛艦的準備工作是非常重要的，而潛艦艦橋的整理就是其中之一。

潛艦航行於水面上時，艦橋上雖然會掛起自衛艦旗與指揮官旗，但潛航前就會降下旗幟，並將旗竿收納至艦內。另外，為了能夠明確映射在其他船隻雷達上，潛艦都會特別裝設「雷達反射器（radar reflector）」，而這項設備因為會妨礙水中的行動，所

以同樣會收納至潛艦內部。

而在潛艦內部，則會進行船艦吃水情況的**俯仰調整**作業。所謂的「俯仰調整」，是指潛艦出港後，在最初潛航階段就取得潛艦重量與浮力的平衡，也就是為了取得船體前後左右的平衡，而於潛航前調整各調整櫃海水量的作業。書中所寫的俯仰調整「ツリム」，其實是潛艦部隊的特別說法，若從近來以海上自衛隊統一說法的觀點來看，則應該改為「トリム」。（譯註：指日文發音稍有不同。）無論如何，前次出港後的最初潛航階段所訂定的俯仰狀態只要確定後，當時潛艦內外的各項條件都會被記錄下來。其中包括燃料計的數值、各調整櫃的海水量，海水的溫度等。

接下來，則是在此次出港後的最初潛航階段之前所進行的**俯仰計算**。「上次至今使用了多少燃料、搭載了多少？」「哪個艙區消耗了多少生鮮食品？哪個艙區又載運了多少？」「消耗了多少冷凍食品？冷凍庫又裝載了多少？」「乘員們從哪個艙區拿出多少行李？又帶入多少？」種種問題都必須每天仔仔細細地詳加記錄。

因此，停泊中的潛艦舷門處都會設置磅秤，乘員們通過舷門時都要量測手持行李，並向舷門的值勤人員報告「要帶入哪個艙區？」「要從哪個艙區攜出？」以這些資料為基礎，並在潛航長官——輪機長的指導下，由輔佐潛艦長官的輪機員（機關士）進行船艦吃水的俯仰差計算。

然後再以這個結果為基礎來為各調整櫃進行注水或是排水作業，以適當調整海水量。

當上述提到的各種程序準備完成後，潛艦終於可以開始潛航了。

飄揚在艦橋上且面向鏡頭的左邊旗幟是自衛艦旗，右邊則是指揮官旗。當潛艦於水面上航行時，會將旗幟高高掛起，潛航後就會收納至潛艦內部。
照片：日本海上自衛隊

潛航
～將海水注入主壓載艙即可潛入水中

要理解潛艦潛航及浮出水面等相關原理最簡單的方法，應該就是在浴缸中將臉盆倒過來沉入水中。雖然臉盆中會有進水情況，但也只到某個程度而已。這樣的狀態就等同於潛艦浮在水面時的主壓載艙（**MBT**）的狀態。此時如果在臉盆底部（在上述例子中應該是朝上的）開洞，當中就會繼續進水而立即淹滿，而這正是所謂的「潛航」。

潛艦是藉由MBT當中的空氣而獲得預留浮力，並維持浮在水面的狀態。因此，當完成艦上的作戰準備程序而艦長也下達「潛航」命令後，就會打開所有位於MBT頂部的通氣閥。就像前面提到的，MBT底部的流水孔因為保持在開啟狀態，所以海水會馬上灌入而使潛艦失去預留浮力，就能潛入海水當中了。這時，使用的是比潛航還要更快的速度，所以會傾斜潛艦的船體好讓艦首朝下，並使用負浮力艙的負浮力效果。當船體進入水中後，就不用再依賴負浮力艙，所以會藉由高壓空氣來將海水排出船艦之外。

當潛艦到達指定的深度之後，為了讓潛艦的重量與浮力獲得平衡，就會在一定條件下利用調整櫃來調整潛艦的重量與前後平衡。像這樣的潛艦潛入方式，我們稱之為「一般潛水」，是目前較為常見的方法。

大家如果觀賞過《U型潛艇》（譯註：此為1981年上映的德國電影《Das Boot》，中文片名為《從海底出擊》，由沃爾夫岡‧彼得森指導。全片描述第二次世界大戰時的納粹德國與英美艦隊在大西洋海域的U型潛艇對戰。）這部電影的話，應該可以看到艦內其他乘員衝到位於艦首方向的發射管室的場景。這個情況稱之為「急速潛航」，在主要行動都是水上航行的時代，因為潛艦能否快速潛航攸關生命安全，所以務必盡快潛航，即使提

潛航的機制

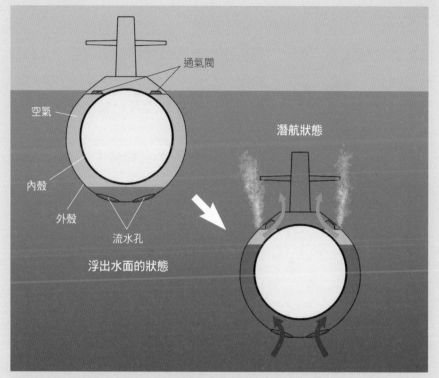

潛艦在浮出水面的狀態下並打開通氣閥後,流水孔就會注入海水而失去浮力,並潛入海中。
參考:日本海上自衛隊資料

美國海軍的「漢普頓號」核子動力潛艦(USS Hampton,SSN-767)。由潛艦前、後方處的主壓載艙排出空氣與海水。因噴出海水的地方,也就是設有通氣閥的部位僅出現在艦首與艦尾,所以從這裡可以知道美國的核子動力潛艦因主壓載艙較少,所以預留浮力是比較小的。
照片:美國海軍

早一秒也好。

因此，在下達「潛航」命令同時，通氣閥也會被打開，並立即啟動潛航程序。萬一，與艦橋相連的艦橋艙口未能在下水前就關閉的話，潛艦就必須立即停止潛航，並以高壓空氣排出MBT的海水而浮出水面。不過，大家只要知道急速潛航並非現今原則上必定執行項目即可。

此外，艦艇出港後的最初潛航亦被稱為「平行下潛（trimmed diving）」，具有特別的地位。

潛航指揮官與油壓手

潛艦潛航時的焦點人物就是潛航指揮官與油壓手（或稱為潛航管制員）。我們前面已經稍微提過潛航指揮官，但艦上還是會配置船務士與機關士等這類較年輕的潛艦幹部。潛航指揮官的最大任務就是將潛艦維持在指令要求的深度。當潛艦在水中行動時，內部人員的移動、燃料與食物的消耗、魚雷的不定期發射、海水狀況的變化、速度的變換等狀況都會對維持深度造成影響。潛航指揮官就必須因應這些狀況來調整潛艦重量的變化，努力維持深度，而潛舵與橫舵的動作就會成為判斷的基準。

舉例來說，當潛艦重量很重時，保持不變會讓深度持續增加。因此，潛舵的操舵人員就會向上操舵以維持深度。因為潛舵是裝設在船體中心稍稍前方之處，所以將潛舵向上操舵就能舉升艦首。另外，橫舵的操舵人員為了確保指令要求的姿勢角，則是會向下操舵。潛艦就是這樣利用各種狀態來顯示操舵的方向，但指揮官還是要觀察這些狀況來進行調整櫃的注水、排水，或是儲水轉移，藉此維持指令要求的深度。

如果是潛航的話，一旦展開下潛動作，潛艦就必須盡速潛入水中並保持安定狀態，所以「潛航指揮官才是焦點人物」這句話

已展開潛航的美國海軍「喬治亞號」核能動力潛艦（USS Georgia, SSBN/SSGN-729）。從照片可看到潛艦正由前、後方的主壓載艙排出空氣。美國海軍將「俄亥俄級」彈道飛彈核能動力潛艦（Ohio-class submarine）的其中4艘加以改良，之後變更成為搭載巡弋飛彈的核能動力潛艦（艦種編號為SSGN）。在24座的三叉戟彈道飛彈（Trident missile）發射筒中，有22座裝填了7發戰斧巡弋飛彈，剩下的2座則是作為海軍特殊部隊——海豹部隊（United States Navy Sea, Air and Land Teams，SEAL）的調壓進出艙室（lock-out chamber）使用。上甲板可搭載由海豹部隊運用的「先進海豹輸泳系統（Advanced SEAL Delivery System，簡稱ASDS）」、「乾式甲板換乘艙（Dry Deck Shelter, DDS）」等小型潛水艇。「喬治亞」號也是一艘由俄亥俄級彈道飛彈核能動力潛艦改良而成的潛艦，上甲板處搭載了DDS。
照片：美國海軍

美國海軍「佛羅里達」核能動力潛艦當中的調壓進出艙室。
照片：美國海軍

正在使用「先進海豹輸泳系統」進行訓練的美國海豹部隊。
照片：美國海軍

指的是，雖然潛艦一般航速的變換由哨戒長管理，但**潛航這段期間是交由潛航指揮官負責的**。潛航指揮官在面對船舵、調整櫃的注排水、儲水轉移等方法都無法處理船艦狀況時，也可藉由增加航速以盡快抵達及維持命令所指定的深度。

至於油壓手，則是潛艦內部配置於巡邏警戒勤務的**海曹士（海軍士官）**之首，必須要有豐富的乘艦經驗並獲得資格認可的士官才能擔任此職務。在日本國產第一號的「親潮」號、被稱為小型艦的750噸級等潛艦上，用來控制通氣閥開關的油壓管路的閥座被稱為「○連式油壓閥」，與位於壓艙控制儀表板旁邊的幾個MBT操作面板並列在一起。當「打開通氣閥」的指令下達後，油壓手就要用嫻熟技巧來移動操作桿，進而開啟通氣閥。

以往的這個動作雖然非常帥氣，但隨著科學技術持續進步而改為**電磁閥**後，現在都採用感覺啵地一聲就可以打開的撥動開關（toggle switch）了。「油壓手」這個名稱也被認為是來自於操作這種○連式油壓閥的動作。此外，當油壓手執行**通氣管**的升降動作時，同時也要擔負通氣管升降桅的上升、排水、供氣管路的建立、主機的啟動、確認通氣管中有無異常等各種重要任務。不過，因「親潮」級潛艦之後的船艦都改用自動通氣管，所以油壓手的勤務型態也隨之大幅改變。但即使通氣管的啟動順序改成了自動執行，油壓手必須仔細敏銳審視各個關鍵重點，隨時保持發生任何狀況都能立即對應處理的備戰狀態卻是始終不變的。

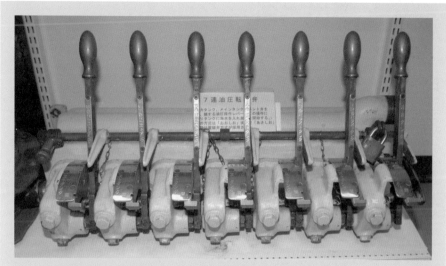

保存於日本廣島縣吳市潛艦教育訓練隊資料室的七連式油壓閥，到1600噸級的「親潮」號潛艦為止，軍方都是持續沿用此種油壓閥。但從改良型的「朝潮」級潛艦之後，則改採下圖中那類利用撥動開關來進行開啟關閉的電磁閥了。

照片協力：日本海上自衛隊

位於「夕潮」級潛艦壓艙控制儀表板上的通氣閥開啟關閉用撥動開關。為了不在船艦停泊時誤觸開關，所以設置了壓克力外蓋，並且予以上鎖。撥動開關上方寫有「9番」、「8番」的地方，就是用來顯示各MBT通氣閥的上鎖狀態。

攝影協力：日本海上自衛隊吳地方總監部

3·3 浮出水面
～將高壓空氣注入主壓載艙後浮出水面

　　大家知道空氣其實是有味道的嗎？當潛艦結束長時間的行動任務，也就是當船艦抵達母港（Home port）前浮出水面時，站立於潛艦的艦橋處即可明確感受到空氣的甘甜與美味。這個品嚐的特權並不屬於稍後亦能接觸空氣的艦長，而是只有在**潛艦浮出水面之際剛好擔任勤務的哨戒長及航海科員**才能享用。

　　至於潛艦浮出水面的方式，只要想成與潛航幾乎相反即可。將高壓空氣送入裝滿海水的MBT之中就能推出海水。當然，這時的通氣閥是保持在緊閉狀態。潛艦裡頭用來貯存高壓空氣的蓄氣器雖如右圖所顯示，但實際位置卻是裝設在MBT當中。在接收到哨戒長「浮出水面！」的命令後，潛航指揮官就會發出「Main tank,blow！（主壓載艙，吹除閥箱）」的口令。我們前面也已經提過，日本的潛艦會將MBT稱為「Main tank」。

　　油壓手聽到潛航指揮官的命令後，就會開始操作壓艙控制儀表板或是綜合狀況控制系統上的開關，然後將高壓空氣送入MBT當中。當傳來高壓空氣輸送至MBT當中而嘶嘶作響的聲音時，大家的心情都是「終於要回港了嗎？」不過，只傳送高壓空氣是無法讓MBT當中的海水全數排出的。一直到某個階段就會出現只有高壓空氣從流水孔逸散的情況。

　　因此，當確定潛艦能夠保持一定浮力時，就會停止傳送高壓空氣，改為啟動柴油引擎，並將排氣導入各MBT而將海水靜靜地推送出去。這個方式就稱之為「**低壓排水**」。

　　不過，有些國家並不使用柴油引擎的排氣，而是以低壓吹除的方式來進行低壓排水。至於日本，則是由「春潮」級潛艦之後就停止使用「低壓排水」，改採重複進行多次一般吹除的作業方式。

　　因此，潛艦浮出水面的準備作業就是供氣管道的準備，也就

浮出水面的機制

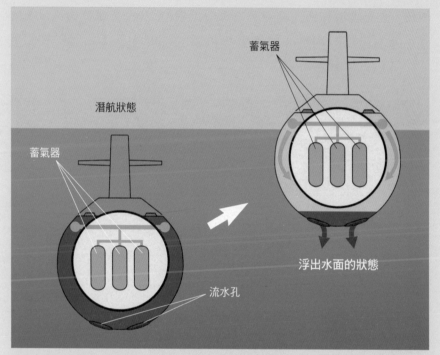

雖然上圖將蓄氣器繪製於潛艦內部，但其實際位置是在內殼與外殼之間，也就是裝設於MBT之中。不過，在製作說明圖時，若加上空氣的箭號就會導致難以觀看，所以才會繪成這樣的配置。另外，蓄氣器也不會直接輸出高壓空氣，而是讓高壓空氣的壓力透過減壓閥降至某個程度後才會進行運用。

參考：日本海上自衛隊資料

是升起通氣管升降桅，排出升降桅中海水，並在浮出水面後保持柴油引擎的持續運轉。

　　另一方面，當程序進入高壓空氣停止輸送的階段後，哨戒長就會以潛望鏡確認潛艦是否已穩定浮出水面，然後發出「打開艦橋艙口！」的命令，並且上到艦橋。

　　到達艦橋位置後，哨戒長會先觀察潛艦外觀有無異常，並向艦長報告自己會在艦橋操作潛艦，然後讓潛艦轉為在水面上航行。

　　潛艦剛剛浮出水面時，有時會遇到意想不到的稀客，那就是鰤

魚（譯註；Echeneis naucrates，為條鰭魚綱鱸形目鱸亞目鮣科的一個種。又稱為長印魚，分布於全球暖溫帶0至50公尺深度的海域）。

　　因為日本的潛艦一般都是以徐緩的速度在水中行動，所以對

於鯽魚而言，可說是絕佳的寄宿體。鯽魚們大概是愉快地附在船艦並隨之在海中遨遊行動，但潛艦卻突然浮上水面，結果來不及離開的鯽魚便被留在上甲板了。

剛剛浮出水面的「親潮」級潛艦——「高潮」號。哨戒長與瞭望員登上了艦橋。

照片：日本海上自衛隊

通氣管的起始開端
～U型潛艇為全世界首次裝設通氣管的艦艇

第二次世界大戰期間，德國的U型潛艇在大西洋與以英國為中心的同盟國展開極為激烈的戰役。

自開戰以來，由卡爾・鄧尼茲所指揮的U型潛艇（譯註：Karl Dönitz，西元1891年～1980年，為納粹德國海軍統帥，曾於第二次世界大戰擔任潛艦艦隊總司令、海軍總司令，以及納粹德國聯邦大總統等職務，最後率領德國向同盟國投降。）一步步地擴大了戰果。1940年，同盟國方失去了390萬噸左右的商船，之後更在1941年與1942年分別折損430萬噸與780萬噸船隻，戰爭災情益發嚴重。

以英國為首的同盟國面臨此種狀況當然不會輕忽以待，他們除了開發美、日兩地稱為「聲納（SONAR，Sound Navigation And Ranging）」，也就是利用聲音來探查水中潛艦位置的「潛艇探測器（ASDIC）」之外，也採取了各式各樣的對策與方法，包括針對德國的暗號進行解讀等。

在這些對策之中，搭載了可測定短波無線電方位的**HF-DF**（High-frequency direction finder，高頻測向器）及搭載雷達的**遠程飛機**（long-haul aircraft），可說是U型潛艇的一種天敵。當同盟國聯軍開始配備這類長程飛機後，原本因法國投降而獲得大西洋沿岸基地的U型潛艇一旦進出警戒區而於水上航行時，被此種飛機率先探測出蹤跡的危險也跟著增加。事實上，U型潛艇的損失的確愈來愈嚴重。

為了因應這種情勢，德國隨即開發出兩種裝置。一種是被稱為「**比爾開灣十字架**」，用來探測敵人雷達波的裝置，也可說是現今ESM的起源。

另一種裝置則是能讓深潛海中的U型潛艇藉由運轉柴油引擎

來充電，無須因為進行充電而浮出水面。

　　在開發出U型潛艇深潛海中仍可吸取空氣以運轉柴油引擎的升降桅後，大家便因為升降桅的形狀而將其稱為「豬鼻（schnorchel）」。因這種升降桅在英文中稱為snorkel，所以日本便以發音相近的「スノーケル」一詞來命名。

通氣管升降桅

照片中的物體即為通氣管升降桅，也是通氣管的起源。
照片提供：Naval History and Heritage Command

通氣管的構造
～潛艦最為脆弱的時間點

　　簡單來說，所謂通氣管就是一個「深潛海中的潛艦將通氣孔伸出水面吸取空氣，藉此運轉柴油引擎並讓排氣排入海水之中」的系統。

　　用來吸取空氣的部分稱為「進氣筒（air supply tube）」，其形狀如同澡堂煙囪那樣，且會伸出水面。另外，跟進氣筒連接在一起的「進氣管（air supply pipe）」開口則是位於機械室下方。為避免引擎吸入這些髒水，所以與空氣一同進入的海水會積留在機械室下方而成為艙底污水（bilge，含有油脂的污水）。這個進氣管有兩個重要的閥門，只要緊閉關上就能避免海水流至機械室之中。

通氣管的示意圖

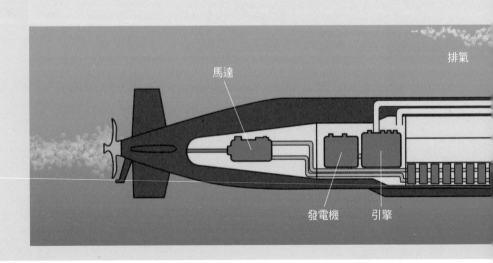

排氣

馬達

發電機　引擎

　　大海並非隨時處於平靜無波的狀態。如果進氣筒真的像澡堂煙囪那樣保持朝上打開，當通氣管升起後，海水就會流進來了。因此，進氣筒的頂部便設置了名為「通氣管頂閥（snorkel head valve）」的閥門，並以電極環繞。如此一來，當海水碰觸到電極時，頂閥就會關上，即可避免海水入侵。

　　不過，因潛艦內部持續吸取艦內空氣來運轉柴油引擎，所以艦內的氣壓會急速下降。日本海上自衛隊的潛艦也曾裝設與飛機裝備相同，能夠感測氣壓而換算為高度的高度計。當潛艦通氣管的頂閥關上緊閉時，高度計的指針會如同眼睛轉動一般快速動作，氣壓也隨之下降。另外，環繞的電極一旦感測到海水排除後，就會打開頂閥，潛艦內部的氣壓也會在一瞬間回到大氣壓力。

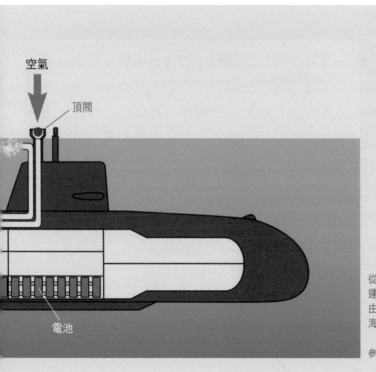

從進氣筒吸取空氣來運轉柴油引擎，再經由排氣筒將氣排放至海水當中。

參考：日本海上自衛隊資料

但若是頂閥一直保持緊閉的話，潛艦內部就會愈來愈接近真空，甚至導致艦上人員出現問題，所以潛艦會裝設安全裝置，一旦艦內氣壓下降至一定數值，引擎就會立即自動關閉。

通氣管的升降伴隨高度風險

　　至於潛艦引擎的排氣，則是航行水面時由閥門的開關控制而導引艦尾方向，並經由消音器（muffler）而排放至艦艇之外。當潛艦為通氣管狀態時，則是導引至艦首方向，並透過排氣筒排放至海水當中。之所以要將廢氣排入大海，是因為絕大部分的廢氣都是水蒸氣與二氧化碳，可以溶解在海水當中。另外，因為排氣筒時常位於水面下，所以排氣時若無某個水壓之上的壓力，海水就會逆流回柴油引擎。為了防止這種情況發生，潛艦採用的安全裝置是當排氣壓力較規定數值更低時，閥門就會自動關上並停止通氣管狀態，以避免海水倒灌入侵。

　　為了讓潛航中的柴油引擎持續運轉，像這樣開發出來的通氣管其實有極大的缺點。其中一個就是運轉中的柴油引擎會發出轟隆隆的巨響。在聽辨對手聲音等被動能力極為發達的現在，這部分簡直是一項致命的缺點。另一個則是雖然僅有進氣筒前端露出水面，但還是有可能被敵軍的雷達給發現。進氣筒前端以上的部位也有可能因為桅杆與潛望鏡造成的航跡而暴露在雷達之上，而這與後面會提到的AIP系統導入也有所關聯。

　　無論如何，通氣管對於潛艦來說的確是**最脆弱的部分**。因此，在潛艦進入通氣管狀態之前，一定要仔細確認有無造成威脅的敵軍雷達波，之後才能開始進入通氣管狀態。

　　當開始升起通氣管後，有可能需要反潛巡邏機投放聲納浮標（sonobuoy）以進行搜索，也可能要仔細傾聽敵軍潛艦的行蹤。因此，潛艦並不會長時間連續升起通氣管。

潛望鏡

進氣筒

排氣筒

從正要浮出水面的潛艦可以見到通氣管升降桅。
照片：日本海上自衛隊（部分內容為筆者增添）

3-6 通氣管的悲喜劇
～因應氣壓變化的處置非常辛苦

　　前面已經說明，潛艦為了在狂暴大海中保持通氣管狀態而不讓海水入侵，所以設有通氣管頂閥這個裝置。當頂閥周圍的電極觸及海水時，頂閥就會隨之緊閉，並持續吸取潛艦內部空氣來運轉柴油引擎，所以艦內的氣壓就會開始下降。當頂閥打開後，潛艦內部也會立刻恢復大氣壓力。

　　潛艦若在狂暴大海中維持通氣管狀態，艦上人員會受到氣壓變動的極大影響。因此，在進行潛艦人員選拔的身體檢查時，會很重視藉由鼓膜以調整耳壓的方法。

　　我想大家應該都有過下述經驗。人類的耳朵在外界氣壓下降時，一般都會自動感受到鼓膜咚咚作響，然後鼓膜外側與內側的壓力就會趨於一致。這個狀況稱之為「壓力平衡（pressure equalization）」。不過，因外界壓力上升時，鼓膜無法自動進行壓力平衡的動作，所以必須捏著鼻子以施加鼓膜身體內側的壓力來調整耳壓。例如：當搭乘新幹線列車進入隧道時。

何謂利用鼓膜以調整耳壓

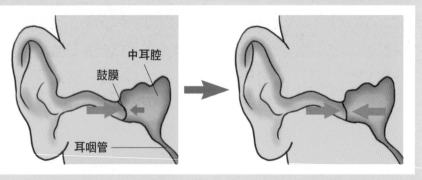

耳朵外部的氣壓一旦上升，鼓膜就會被推至氣壓較低的內側，所以捏著鼻子從內側施加壓力，可讓壓力與外側壓力一致。這就是藉由鼓膜以調整耳壓。

　　另外，因為我們在睡覺時也無法利用鼓膜調整耳壓，所以起床後便會感到人的聲音聽起來很遙遠，或是聲音很小。不過，這個時候若是輕易藉由鼓膜調整耳壓是很危險的。至於原因，那是因為我們並**不知道鼓膜會往哪個方向膨脹**。如果是內壓較高、外壓較低時，鼓膜會朝外側膨脹，此時捏緊鼻子再進一步升高內壓的話，就有可能傷害到鼓膜。因此，我們可以先僵硬地動動下巴關節，努力夾起鼓膜讓耳朵內外的壓力相等。只是這個動作有點好笑。

　　雖然無法利用鼓膜調整耳壓時會很不舒服，但更糟糕的其實是蛀牙。因為蛀牙洞內會有小小的氣泡，所以當潛艦維持通氣管狀態而艦內的氣壓下降時，蛀牙洞內的氣泡就會急速變大，造成壓迫神經的現象。**這種疼痛甚至連男子漢也會痛到流淚啊！**

　　當潛艦維持通氣管狀態時，使用艦內的洗手間也必須多加留意。就像前面提到的，廁所的污水都會暫時貯存在衛生水櫃當中。因此，潛艦洗手間的底部就會裝設**排水閥**。當使用完畢時，拉下馬桶旁邊的排水閥操作開關，廁所污水就會流至衛生水櫃當中。之後關上排水閥，即可打開乾淨海水使其流至便器內以積存少許水分。

　　暴風雨天氣裡，潛艦若是維持通氣管狀態，使用洗手間時必須因應艦內壓力而小心謹慎地打開排水閥。在艦內氣壓下降且衛生水櫃壓力較高的那一瞬間，若是排水閥維持開啟狀態的話，會導致何種情況發生，我想是很容易想像的。

第4章

潛艦的動力

現代潛艦大致可區分為利用蓄電池電力運轉馬達的常規動力潛艦，以及利用核子動力運轉渦輪的核能動力潛艦。

另外，我們也會針對常規動力潛艦不使用空氣就能充電的AIP系統加以解說。

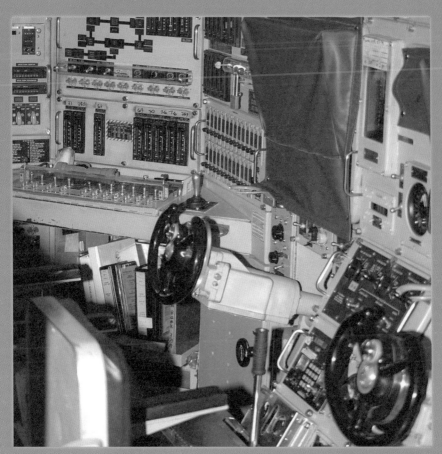

位於洛杉磯級核能動力潛艦「哈特福德號（USS Hartford）」上的主要潛水及操作部門的操舵裝置與各種測量儀器。　　　　　　　　　　　　　　　　　　照片：美國海軍

主機
～由電動馬達驅動推進器

　　一般而言，常規動力潛艦的推進方式都是所謂的「柴油電力（Diesel–electric）」。如同這個名稱所顯示的，常規動力潛艦內部裝設的都是柴油引擎、蓄電池，或是發電機。

　　從歷史上來看，霍蘭級潛艦配置的正是汽油機組。我們從「六號潛水艇」的艇長——佐久間勉（譯註：西元1879年～1910年，日本海軍大尉。因六號潛水艇事故而以30歲之齡殉職。）大尉在遺書中提及的「因汽油造成暈眩」這段話即可得知。之後就改成了柴油引擎，而各國也不斷致力開發潛艦使用的高速柴油機組。戰前的潛艦在警戒區移動、或是對目標跟蹤追擊、與敵人接觸，大多是以水面航行為主，所以會致力追求水上的高速航行。日本海軍在歷經各式各樣的研究之後，開發出「艦本式1號柴油引擎」或是「艦本式2號柴油引擎」，然後打造了水上速度可達23節的「伊號潛艇」。

　　戰後，常規動力潛艦上的柴油引擎所扮演的角色也有所轉變。到目前為止，潛艦於水上航行時都是利用柴油引擎來驅動推進器，潛航時則是切換為電動馬達。據說，日本海軍在潛航時，還會下達「切換電動馬達」的指令。

　　不過，在潛艦的安靜性問題以及技術方面獲得更為進步的結果後，即確定了柴油引擎的重要位置，那就是不論水上、水中，都是藉由電動馬達驅動推進器，而柴油引擎被用來充電或當作驅動電動馬達的動力來源。

　　至於日本，從戰後首艘國產潛艦——「親潮」號

開始，川崎重工（譯註：日本著名工業公司，成立於西元1896年，主要業務範圍包括航空、鐵路、船舶、機械設備等各種重工業。）就採用了德國MAN集團（譯註：亦稱為MAN歐洲股份公司，歐洲指標性的工程集團。成立於西元1758年，在柴油引擎、渦輪機、汽輪機等機械都享有領導地位。）授權生產（license production）的「川崎MAN8V柴油引擎」作為主機。之後，則是從「春潮」級潛艦開始轉而朝向「川崎12V25／25S」發展。

「蒼龍」級潛艦所搭載的川崎12V25／25SB柴油引擎。
照片協力：日本海上自衛隊

4-2 電池、充電
～藉由鋰電池有效提昇性能

　　常規動力潛艦在水中的動力來源為鉛蓄電池（**lead storage battery**），而日本海上自衛隊潛艦所使用的鉛蓄電池則是以二氧化鉛作為極板物質的覆面式（clad）陽極板（亦稱為正極板），以及藉由鉛作為極板物質的陰極板（亦稱為負極板）。至於鉛蓄電池的基本構造，除了裝有避免極板之間發生短路的隔離膜（separator）構成的單電池（cell）之外，內部更浸泡著由稀硫酸組成的電解溶液，而每一個單電池的電動勢（electromotive force）則為2V。被稱為電解槽（electrolyzer）的外箱中會放入幾個單電池，並且加以串聯。舉例來說，汽車用的蓄電池就裝有六個單電池，且電動勢為12V。

　　接下來，我們會對鉛蓄電池的放電與充電機制加以解釋說明。電池放電時，陽極板的二氧化鉛與陰極版的鉛會與硫酸產生化學反應，而製造出硫酸鉛。此時在電池內部的陰極處，硫酸中的硫酸基團（sulfate group）因與鉛發生反應，所以變成了水，導致電池中的稀硫酸電解溶液濃度下降。

　　這種濃度變淡的方式與電池的電動勢呈現一定比例，所以只要知道電解溶液的濃度，大致上就能推估出之後還能放電多久（亦稱為電池的容量）。對於潛艦來說，電解溶液的濃度也會被視為一個作戰參考指標。舉例來說，**與敵人交戰前同樣需要預先思考電池剩餘多少容量**。

由鉛蓄電池逐漸朝向鋰電池發展

　　日本海上自衛隊所使用的潛艦蓄電池也開始有所轉變，也就是將鉛蓄電池改為鋰電池（**lithium-ion battery**）。

　　鋰電池可列舉的優點也不少，像是能量密度較高，且相較於

潛水艦所使用的電池。這種電池的搭載會分為前方電池室與後方電池室。
攝影協力：日本海上自衛隊吳地方總監部

2V左右的鉛蓄電池，其單電池回路電壓大約可達稍低於4V的數值，並可重複2000次左右放電80%後，再進行充電的充放電循環。

如果說常規動力潛艦的宿命就是**電池的充電**，應該也是不為過的。如果潛艦未能搭載於 **4-4** 章節中解說的絕氣推進系統（AIP：Air-Independent Propulsion System），潛入水中的行動潛艦的動力源就是如同前述的二次電池。使用二次電池就是要讓電池放電，所以一定要在某處進行充電。以常規動力潛艦來說，也正是**艦艇必須於某處進行開啟通氣管的原因**。

電池的管理

大家使用普通手機或是智慧型手機時，若是發生沒電的狀況，都會覺得很困擾吧！近來，市面上也開始販售備用的充電裝置，應該有許多人都會隨身帶著走。另外，在購買手機時，不知大家是否注意過「時常反覆在淺度充放電會對電池造成損害」這個訊息？

其實這與潛艦用蓄電池也是一樣的道理。如果潛艦用蓄電池於航行途中耗盡電力，就會導致所有機器無法運作而陷入無法行動的窘境。另一方面，為了避免電力用盡而頻繁進行充電，就會反覆淺度充放電而導致電池的壽命縮短。因此，艦上人員必須因應情況而加以運用各式各樣的充電方法，才能維持良好的電池性能。

就像前面所提到的，行動中的潛艦無法長時間維持通氣管狀態，所以充電也只能在「通氣管狀態」下進行。此外，因電池結束充電後會產生氫的氣體，所以要在艦艇持續行動且產生氫氣之前的階段就結束充電過程。也因為這樣，**電池便出現反覆進行淺度充電的情況**。

為了讓電池恢復到完全充電的狀態，潛艦會在停泊期間進行

定期充電。這時，必須選擇充電終期的最大充電電流（充電終期會產生氫氣，此時若以初期電流繼續充電，氫氣的產生會變得更加激烈，甚至狀態有如沸騰一般。為了避免此種狀況，就必須在充電終期進行充電電流的調整，這個階段所取得的最大值就是終期最大充電電流。）的電流值持續充電至充電終期，並相隔一定時間進行固定次數的充電。充電時也要計算測量電壓，等數值不再上昇才能結束充電，而這種方式就稱之為**普通充電**。

　　不過，這種普通充電無法讓電池的作用物質完全恢復，若是希望作用物質完全恢復，就必須讓電池的所有狀態形成一致，也就是以大約每個月一次的頻率進行所謂的**均衡充電（equalizing charge）**。

讓電池完全恢復的均衡充電

　　進行均衡充電時，首先要將電池放電至全空的狀態，接著完成充電程序。等經過一定時間後，再進行電池液面的量測計算，並且補充**純水**，好讓電池內的電解溶液液面保持在特定高度。

　　進行補充動作時，必須使用事前已計算過電阻值（resistance value）且可恢復至標準的純水。

　　開始進行充電之前，必須由電機員與值勤人員重複確認過充電的內容。之後，就會開始正式的充電程序，等進入充電終期後會改以固定的終期電流充電，並在間隔一定時間的情況下，以規定的次數進行電壓的量測計算。

　　完成充電程序並告一段落後，就要讓電池保持通風，並針對已恢復標準的電池進行比重、溫度、液面等項目測定，然後再次進行充電及相同量測動作。等到比重不再上升後就可以結束充電了。

　　若從傍晚開始進行均衡充電，一般都要到隔天上午才能完成

所有充電程序。因為充電程序會在艦上人員進食早餐時產生氫氣，所以此時潛艦內部是絕對嚴禁用火的。因此，艦上人員當然無法使用烤箱之類工具，只能啃啃生冷的麵包。

如果充電終期產生氫氣並且貯存在電池槽內時，電池槽內的壓力一旦上升，就會非常危險，所以必須將其排出電池槽外。不過，排出的氫氣若因火星導致燃火，甚至被引向電池槽當中的話，就會導致嚴重爆炸事故。因此，為了避免這種情況，電池上便會裝設所謂的「防爆排氣栓」。這種防爆排氣栓必須定期以隨機抽樣的方式來確認樣品的動作情況。

另一個電池管理的要項，是必須定期量測及掌握電池容量。以規定的放電率進行放電時，也會藉由電池能否在規定時間內進行放電來加以判斷。日本海上自衛隊也將其稱為「電池容量試驗」。

至於試驗方式則有航行試驗與停泊狀態下的試驗。航行試驗就像字面所顯示的，潛艦以規定的放電率實際測試電池航行的情況。至於停泊狀態的試驗，則是使用設置在岸邊的放電水槽來進行測試，並實際測量從開始放電至終了的時間。

潛艦用蓄電池的防爆排氣栓。
攝影協力：日本海上自衛隊吳地方總監部

4-3 核能動力
～利用水蒸氣轉動渦輪

　　前面已經介紹過，全球第一艘以核能作為動力來源的潛艦是美國海軍於1945年9月30日正式服役，並於隔年1月17日利用核能動力開始航行的「鸚鵡螺號核子動力潛艇（USS Nautilus SSN-571）」。

　　使用核能作為動力來源時，推進方法基本上會與一般水上船艦的蒸氣渦輪式相同。藉由蒸氣渦輪推進的船艦會用鍋爐將水煮沸，再把產生的高溫、高壓水蒸氣輸送至渦輪處而將其轉動。核能動力潛艦則是以核子反應爐（nuclear reactor）取代這種鍋爐，利用核分裂（nuclear fission）所獲得的熱能讓水煮沸，藉此轉動渦輪。從此時開始，即有兩種方式可以轉動潛艦的推進器。

　　一種與水上船艦相同，就是透過減速齒輪（reduction gear）來轉動推進器。若使用這種方法，從減速齒輪處傳出噪音就會是無法避免的情況。減速齒輪運轉時，因齒輪的齒與齒之間必須留有一定間隙，所以彼此碰觸時，便會因為這個間隙而產生聲響。至於另外一個方法，則是利用渦輪驅動發電機，然後再以產生的電力來運轉電動馬達，進而驅動船艦的推進器。

　　美國海軍在1960年代後半至1970年代初期這段期間，陸續建造了「獨角鯨號（USS Narwhal, SSN-671）」、「林普斯康號（USS Glenard P. Lipscomb, SSN-685）」等潛艦，並針對核能動力潛艦的噪音對策開始進行檢討研究，而其成果就展現在「洛杉磯」級核能動力潛艦等船艦上。

　　至於美軍核能動力潛艦的推進方式，有些是透過齒輪減速渦輪機（Geared-Turbine），也就是透過減速齒輪而將蒸氣出力傳送給推進器的方法，但也有消息指出，美軍已經廢止齒輪減速渦輪機這種方式。

　　因為在潛艦的相關資訊中，每艘潛艦的推進方式可說是攸關生死的極度機密，絕對會受到最為嚴格的保密，所以一般大眾是難以一窺其真正面貌的。

正航行於水上的「維吉尼亞」級核能動力潛艦。大家可以注意到海豚與其同游有如為其開道，這也是常在日本見到的光景。
照片：美國海軍

在燦爛陽光下航行於大海上的「維吉尼亞」級核能動力潛艦。
照片：美國海軍

AIP系統
～無須使用空氣即可進行充電

　　就如同我們至目前所說明的，常規動力潛艦若要持續作戰，就必須運轉柴油引擎為電池充電。因為柴油引擎運轉時需要空氣，所以潛艦無論如何都要浮出水面伸出通氣管。

　　為了克服這個致命性的弱點，無須空氣即可充電的系統才會被研究問世，這就是所謂的**AIP系統**（Air-Independent Propulsion System）。

　　目前，AIP系統的主流可以說是燃料電池（fuel cell）與史特林引擎（Stirling engine，亦稱為熱空氣引擎）。其他還有利用液態氧等氧化劑驅動柴油引擎的密閉循環式柴油引擎（Closed Cycle Diesel，CCD），以及因第二次世界大戰末期德國U型潛艇與噴氣式戰鬥機而廣為人知的梅塞施密特（譯註：Messerschmitt AG，德國飛機製造商，創立於西元1938年。經由多次合併重組後，目前為歐洲空中巴士集團。）Me163戰鬥機上搭載的沃爾特引擎（Walter Engines）等各種引擎都擁有密閉循環式蒸氣渦輪。在這裡，就先針對燃料電池與史特林引擎進行概略了解。

燃料電池

　　說到燃料電池，大家只要想成是藉由「**電解水的逆過程**」來取得電能即可。水在經過電解後，可以產生氫氣與氧氣。因此，所謂的燃料電池，就是**將氫與氧作為燃料來取得電力**。

　　每一個電池都是由陽極與陰極，以及電解質所共同構成，一般都被稱為單電池。各極都是藉由觸媒而與電極疊合在一起。被送到陽極的氫氣會在該處釋放電子而形成氫離子，並且透過電解質而移動至陰極區域。另一方面，被傳送至陰極的氧氣則會從剛剛釋出的電極繞行外部，與到達陰極後的電子互相結合而成為氧

離子，並透過電解質與移動過來的氫離子結合形成水。過程中氫氣釋放出的電子會通過電極而繞行外部，而這就是電的產生。

　　一個單電池的電動勢被認為是0.7V左右，所以實際上燃料電池會裝設隔板，並由幾個單電池交疊組成。

史特林引擎

　　因為空氣加熱後會開始膨脹、變冷就會收縮，所以蘇格蘭的發明家──羅伯特・史特林（Robert Stirling）便藉著氣體膨脹收

燃料電池的概念圖

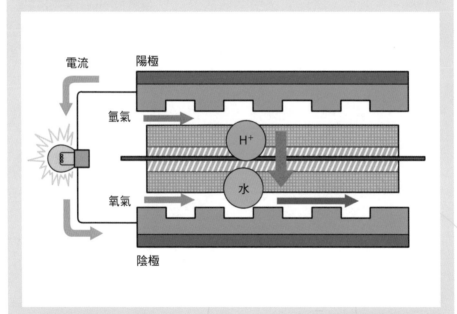

被送至陽極的氫會在此處釋放電子而成為氫離子，並透過電解質移動至陰極。另一方面，被傳送到陰極的氧則是會從先前釋放出的電極處開始繞行，並與到達陰極的電子彼此結合而成為氧離子，然後再與透過電解質移動至此的氫離子互相結合而形成水。由氫所釋放出來的電子藉由電極而繞行外部就是所謂的「產生電力」。

參考：「《潛艦用燃料電池發電系統研究》之相關外部評價委員會概要」（防衛省）

縮的特性創造出史特林引擎，而這種引擎同時也是一種熱空氣引擎。

所謂的柴油引擎與汽油引擎，都是在汽缸（cylinder）中燃燒燃料以藉此運轉，所以也被稱為內燃機（ICE，Internal combustion engine）。不過，史特林引擎卻是在汽缸外側燃燒燃料，而汽缸中的氣體便藉此熱能加熱，所以也被稱為外燃機（external combustion engine）。

下述內容有點專業，史特林引擎其實是藉由反覆進行等容加熱、等溫膨脹、等容冷卻、等溫壓縮等程序，而發揮作用以完成工作的。實際上，這個循環被認為無法僅在一個活塞內（piston）進行，所以要使用兩個活塞，且兩者間亦須設定90度的相位差（phase difference），才能獲得最為接近理論的運動結果。

藉由兩個活塞的設置方式，可將史特林引擎大致區分為移氣活塞式（displacer type）與雙活塞式（two-piston type）兩種。

移氣活塞式史特林引擎，是藉受熱後作動氣體膨脹的空間與冷卻後收縮的空間之間移動作動氣體的壓力活塞（displacer piston），以及藉由壓力差而運轉傳動的動力活塞（power piston）所共同組成。

如同其名稱所顯示的，雙活塞式史特林引擎藉由兩個活塞而在移動作動氣體的同時取得動力。日本的「蒼龍」級潛艦就搭載了四座這類型的雙活塞式史特林引擎。

史特林引擎的原理概念圖

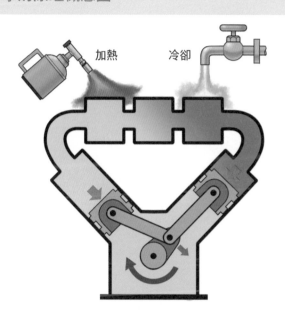

加熱　　　冷卻

雙活塞式史特林引擎的示意圖。這種引擎是利用加熱膨脹、冷卻收縮的空氣特性，以及溫度相異的兩個空間和兩個具有90度相位差的活塞。

參考：「《潛艦用燃料電池發電系統研究》之相關外部評價委員會概要」（防衛省）

「蒼龍」級潛艦的史特林引擎外殼，配置方式為左右各兩座。

照片協力：日本海上自衛隊

第5章 潛艦的航法

沒有窗戶，完全見不到周遭景物的潛艦，連光線都照不進來。
在電波也被阻絕的深海中航行時，究竟要憑藉什麼東西才能行進？
在本章中，我們將針對潛艦在水中及水面上的航法技術等相關內容
進行解說。

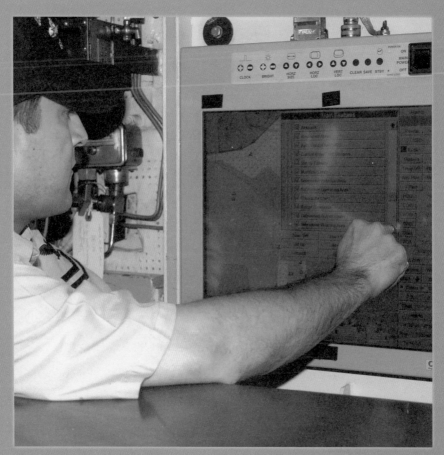

圖中情景是為讓「洛杉磯」級核子動力潛艦──「奧克拉荷馬市」號潛艦（USS Oklahoma City, SSN-723）上的工作人員熟悉電子海圖等各種航法系統，所以正在訓練他們進行操作。

照片：美國海軍

5-1 水上航行
～在潛艦內部依據艦橋所發出的命令進行操舵

雖然潛艦在水上航行時也算是船舶的一種，但相較於護衛艦與商船，還是有極大差異。以護衛艦來說，進行船艦航行的場所就是艦橋（商船有時也稱為船橋或是駕駛台）。艦橋位於完善的空間當中，而艦長的座位即設置在右舷側。艦橋也是艦長派任操艦的值勤士官站立之處。在艦橋的艦首尾線上，也就是相當於中央最前方的窗邊裝設有所謂的「陀螺儀」，基本上就是值勤士官的站立位置。

在其視線上方之處，還有舵角指示器，或是裝有軸轉數或可變節距（variable pitch）等船艦上才有的翼角指示器，好讓值勤人員面對指令時，能夠確認自己是否已正確應對。

值勤人員後方則是會有管制船舵與引擎的裝置，其他還有海圖桌、通訊儀器、觀察飛行甲板景象的顯示器等各式各樣的儀器設備。

雖然潛艦同樣也使用「艦橋」這個稱呼，但這僅指帆罩艦首側被隔成四角形且為露天的空間，而且是完完全全沒有掩蓋遮蔽的。當潛艦在水上航行時，基本的配置船員都是由哨戒長或是警戒人員站立在這個地方，即使是艦長登上此處，也不會設立特別的座位，只能稍微淺坐在右舷側的桅帆處。

艦內操舵人員操作時並不會觀看艦外景象

哨戒長站立位置的正面設有陀螺儀，在右手下方處則裝有操作艦艇時所使用的耐壓型麥克風兼喇叭的通訊設備，也被稱為「21MC」。其緊鄰的一旁，就是耐壓型21MC通訊設備所使用的按鍵通話開關（press talk switch）。這具21MC可聯繫位在控制室的操舵人員。當哨戒長進行操艦時，按下按鍵通話開關後要

哨戒長

7MC兼1MC
操作面板

21MC按鍵通話開關

7MC耐壓型麥克風兼喇叭

21MC耐壓型麥克風兼喇叭

潛艦的艦橋
照片協力：日本海上自衛隊（部分內容為筆者增添）

稍停片刻才會發出「執行右舵」等命令。至於像這樣稍停片刻的
原因，則是為了要避免命令開頭部分有所疏漏。不管遇到多麼緊
急的情況，都要確實遵守這個規定，才不會反而招致更多混亂。

　　因為潛艦的艦橋配置呈現此種狀態，所以哨戒長後方並無操
作船舵的操舵員。操舵員是在無法看到艦外景象的潛艦內部，僅
以眼前的陀螺儀來執行操舵的職務。與哨戒長之間操作艦艇命令
的對應，都是透過位於狀如飛機操縱桿的操舵裝置正中央處的麥
克風兼喇叭來執行。

　　腳下位置還設有腳踏式按鍵通話開關（foot press talk
switch），只要用腳踩踏此設備就能進行通話。

　　接下來，讓我們繼續回到潛艦的相關內容。

水柱式姿態角側量儀

氣泡式傾斜儀

第2スタンド（横舵）

第二操作台（操作橫舵）

「夕潮」級潛艦的操作儀表板。看似飛機操縱桿的物體其實是操舵裝置，只要轉動黑色部位縱舵就會朝向右邊移動。若往內側推動，潛舵或是橫舵就會往下，拉向手邊這側船舵則會向上。一般說來，右邊的座位被稱為第一操作台，進行的是縱舵與潛舵的操作，而左側的座位則是第二操作台，執行的是橫舵的操作。第一或是第二操作台前方儀表板的右側裝有某個圓圓的顯示器，這也就是縱舵的指示器，而左側的長橢圓形物體則是潛舵（右側）與橫舵（左側）的舵角指示計。

高度計

深度計

陀螺儀

速度指示器

陀螺儀

深度計

舵角指示計（縱舵）

第一操作台（操作縱舵與潛舵）

舵角指示計（左：橫舵，右：潛舵）

姿態角側量儀

位於其中的縱長形指示儀器右邊為深度計，左邊為姿態角側量儀。上方的橫長形指示儀器正是陀螺儀（主要是操舵人員於進行操舵時所使用，只有放大必要的部位，而且能夠讀取更為精確的度數。）在具有舵角指示計的儀表板上方，從右方開始依序為速度指示計、陀螺儀（可三百六十度觀看）、深度計，而其左邊則是水柱式的姿態角側量儀。線條較為圓潤且帶有橙色的是氣泡式的傾斜儀，用來確認左右兩邊的傾斜程度。

攝影協力：日本海上自衛隊吳地方總監部

在陀螺儀左下方裝有汽笛的控制桿，而哨戒長左手邊亦設置了能夠與潛艦內部主要場所各別通話的通訊裝置，也就是被稱為「7MC」的耐壓型麥克風兼喇叭。另外，艦上也裝設了「1MC」這種可向內部同時發出命令的通訊用按鍵通話開關，以及由7MC的選擇開關與按鍵通話開關組合而成的裝置。

在幾個艦內的主要通話地點，像是通往控制室、艦長室、軍官室、駕駛室等處的選擇開關則是並列排成圓形。因為這種裝置並未特別附上燈號，所以哨戒長在漆黑深夜裡航行於大海時，就必須毫無錯誤地選擇正確通話地點。另外，哨戒長腳下亦設置了附有燈號可顯示前後行進動作停止與否的舵角指示計。

狹窄的艦橋甚至無法開展海圖

當船艦航行於海上時，值勤士官多少可依據海圖桌來確認位置，或是獲取航海上的資訊。不過，如果是深潛在大海中的潛艦，登上艦橋進行操艦的哨戒長甚至連「看一下海圖」的動作都無法進行。因為艦橋上並無置放海圖的場所，也沒有開展海圖的空間。

在日本潛艦被稱為「哨戒長付」的控制室年輕值勤人員，會一邊使用潛望鏡觀測，一邊進入潛艦位置，然後針對「與預定航道的偏離情況」「是否出現某種程度的航程延遲及提前情況」「淺灘與暗礁之類航海時的危險目標」等情況向哨戒長提出各種建議。

剛剛我們提到了「進入潛艦位置」，但要能得知船艦位置的方法與水上船艦並無不同。也就是在可清楚辨識陸上目標的地方利用潛望鏡計算顯著目標的方位，然後在海圖上劃線。如果執行三次後，就可在海圖上畫出一個小小的三角形。這裡就是此時的艦艇位置。更正確地說，其內切圓的中心處即為潛艦的位置。這

個計算方式就稱之為「交叉方位法（cross bearings）」。

　　不過，如果船艦所在之處為遠離陸地的外海時，則是改採「無線電導航（Radio navigation）」這種方法。之前的艦艇使用的是羅遠-A導航系統（Loran-A，Long-Range Navigation A。1750至1950 kHz），或是羅遠-C導航系統（Loran-C，Long-Range Navigation -C。100 kHz），但目前都是藉由GPS來確認船艦位置了。有關這部分的內容，我們會在後續內文中稍加解說。

為何容易被誤認為小船呢？

　　航行海上時之所以會有必須注意的事項，原因即來自於潛艦的特殊船型。一般說來，如果是普通船隻，我們可以藉由水面上船體的能見度來判斷船隻大致往哪個方向。不過，潛艦即使浮出靜默的海面，也仍有三分之二的船體位於水面之下，而且波浪還會在潛艦航行時打上船體，所以其他船隻常常只能看到潛艦的帆罩。因此就會造成潛艦被誤認為小型船隻，或是難以判斷艦艇航行去向的情況。

　　因此，為了避免被誤認為是小型船隻，潛艦在航行時就會設置雷達反射器（radar reflector），好讓對方船隻能夠理解「這是一艘與目視截然不同的大型船隻」。

　　另一個則是夜間航海的問題。當船隻於夜間航行於大海時，就必須依照法律規定點上航行燈。點燈的方式基本上如同第111頁的插圖。

　　不過，潛艦因為本身船艦造型之故，所以無法裝設此類燈誌。因此，潛艦會如同下圖那樣在帆罩上裝設桅燈，並在潛舵左右前端處配置舷燈。如此一來，對方船隻即使不太能夠判斷航向，但只要看到航行燈就能判斷這是一艘潛艦了。另外，設置在甲板的潛艦船尾燈屬於升降式，但會因裝設位置的關係而放在比

較低的地方。因此，也很容易被誤認是小型漁船。

桅燈

右舷燈

左舷燈

潛艦的海運航行燈。容易誤看為小型漁船的燈誌。
照片：日本海上自衛隊（部分內容為筆者增添）

商船的海運航行燈

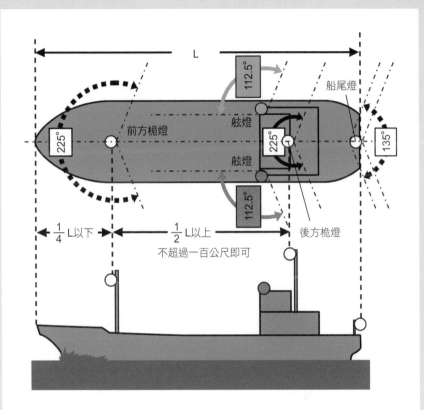

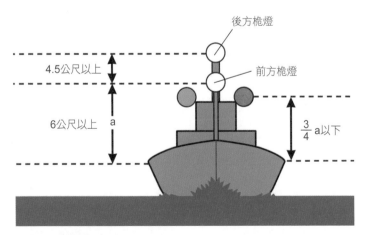

商船的航行燈是由法律訂定裝設位置。

參考：日本《海上衝突預防法》

水上航行的辛苦與樂趣
～毫無遮蔽的露天艦橋極度寒冷……

　　就像前面提到的，潛艦的艦橋是毫無遮蔽的露天空間，所以雨天登上艦橋值勤的哨戒長與相關警備人員是無法避免被淋溼的。

　　登上艦橋值勤時，人員通常會穿上日本海上自衛隊所配發的兩件式**雨衣**與**長筒橡膠雨鞋**，但這樣仍然無法避免雨水從領口處滲入。雖然雨衣亦附有帽子，但只要戴上帽子，就無法聽到後方的聲音，所以**也沒辦法使用雨衣上的帽子**。或許可以捲起毛巾塞在領口，想辦法阻止雨水滲入，但效果也極為有限，雨水很快就會將穿在雨衣當中的作業服裝給浸溼。

　　另外，在強烈風雨迎面而來的日子裡，雨滴也會傾盆而下，有時連眼睛都難以睜開。甚至頭上穿戴的雙筒望遠鏡的對物鏡與對目鏡部分都會溼透，所以只能不斷擦拭，**並繼續警戒守備的勤務**。

　　至於體感溫度，則是隨著風速每增加1m/s而降低一度。如果潛艦以10節的速度航行時，則秒速就是5m/s，所以即使是無風狀態，感覺卻是跟承受5m/s的海風吹襲一樣，體感溫度就會下降5度。在寒冷隆冬時，船艦若迎著風速10m/s的北風，並以10節的航速向北航行於海面上，相對就會承受15m/s的風速，人體的體感溫度也會下降15度。這種氣候連嘴巴都會凍僵，連要發出腦海中的操艦指令都會變得非常困難。

　　潛艦在船隻的構造上，並不是一種用來「破浪前進」的造形。甚至艦首給人的感覺是潛藏於海浪之中，海水甚至會打上潛艦前方的甲板。

　　如果是平靜的海面，海浪在打上帆罩前就會落在舷側，但當海浪較大時，海水甚至會湧上帆罩，碰撞後的碎浪則是落向艦橋所在之處。遇上暴風雨，甚至還會出現巨浪越過艦橋的情況。風

雨極為狂暴時，如果不用繩索捲起身體並綁在船體某處的話，甚至有可能被大浪捲走。

盡情飽覽滿天星光

不過，潛艦的航行也不是只有辛苦的時候。如果天氣狀況良

正高速行駛於海上的美國「洛杉磯」級核子動力潛艦。當海浪較大時，帆罩激起的白色浪花甚至打向艦橋所在之處。
照片：美國海軍

好，像是航行在夏夜的海面時，就可見到頭上閃耀著滿天燦爛星光，彷彿近到可以伸出手來摘下星星。因為這時幾乎沒有妨礙星光的光線，所以可以見到流星不斷劃過天際，連思考許願內容的時間都沒有。另外，也可以在潛艦的航跡看到夜光藻閃閃發光的景象（譯註：夜光藻，亦稱為夜光蟲或是藍眼淚，學名為 *Noctiluca scintillans*，是一種甲藻門單細胞生物。）在延伸為圓形的水平線中，也能體會到「只有自己一人可以盡情飽覽大自然優美景色」的奢侈感受。

航行在滿天燦爛星光下的大海上。
照片：美國海軍

5-3 水中的行動
～如何得知自己的位置所在？

　　潛艦潛入水中航行後的問題點，就在於無法看到外部景象。當然，潛艦上人員可以伸出潛望鏡並實際以目視確認，並以前面提到的方法一邊確認位置、一邊繼續航行，但其實這是非常少見的情況。

　　當艦艇潛入連潛望鏡都無法伸出的大海深處時，基本上可以從航線及速度等資訊得知目前的位置。艦上人員可利用電羅經（gyrocompass）與艦底測程儀等裝置來分別測知航程路線及潛艦的航速。

　　若從「某個地點」以「某種速度」航行「某條航線」，則須航行「某段時間」，再以速度×時間而得出的距離由「某個地點」延伸出航線方向，就會得知目前潛艦的位置。不過，這種潛艦位置的計算方式並未加入任何外力影響，只是一個推測出來的潛艦位置。換句話說，這個位置其實是包含誤差在內的，所以艦上人員常常需要修正潛艦的所在位置，才會在可伸出潛望鏡的深度來再次進行潛艦位置的確認。

　　以往的主流方法是所謂的「羅遠」導航系統，也就是利用主臺與副臺電波到達的時間差來測出潛艦的所在位置。原理是接收兩個羅遠電台發出的電波，再求出從各個電臺取得的雙曲線位置線的交叉點。但隨著現今GPS技術的普及，美國已經不再使用這種方法，而日本也陸續關閉各個羅遠電波站臺。

　　目前最重要的方法就是「GPS（全球定位系統，Global Positioning System）」。藉由汽車的導航系統（automotive navigation system），大家應該都很熟悉這個技術了。

　　發射彈道飛彈的潛艦為了提昇飛彈的命中率，必須掌握正確的發射位置，所以這個方法才會應運而生。在美國發射至太空的

涵蓋全球定位衛星中，至少選擇四顆，然後藉由接收這些衛星送出的電波來得知潛艦本身所在位置。據說，如果只是要知道位置，三顆衛星就已經足夠，但若想提高精確度，就必須整合接受器與衛星上的時鐘，所以才會用到第四顆衛星。另外，要順便說明的是，中國為了與美國抗衡，也已經建制了地區型衛星定位系統，稱之為「北斗衛星導航系統（BeiDou Navigation Satellite System, BDS）」。

什麼是潛艦用慣性導航系統？

不管使用哪種方法，潛艦都必須航行至較淺處才能接收到電波，而潛艦用慣性導航系統（Inertial Navigation System, INS）便是因為此目的而開發出來的。大家應該都知道，將加速度兩次積分後就可求得距離。因此，測出潛艦所承受的所有加速度並予以積分，即能得知潛艦的明確位置，而且會比用測程儀測得的速度為基礎而計算出的位置更為精準。這種導航系統可說是噴射客機搭載的慣性導航系統的潛艦版本。

不過，日本的潛艦原則上都會以較為和緩的速度在水中行動。因自身速度而形成的加速度分量（component）就有可能被承受自地球自轉或是潮汐洋流的加速度給蓋過。不過，日本還是以本身優異的技術能力，打造出能夠檢測出如此微小加速度的加速度計。因為這個發明，日本的潛艦能夠在水中持續取得極為精確的位置所在，並且安心地採取行動。

潛艦雖然擁有了這樣優良的設備，還是需要常常藉由GPS來校正潛艦的位置。

潛艦在水中的行動大致可分為兩種。一種是將潛望鏡伸出水面行動，一種則是始終潛在深處行動。能夠將潛望鏡伸出水面的深度稱之為「潛望深度（periscope depth）」，當在此深度行

雷達轉發器（radar repeater）與測深儀位於海圖桌的左舷側。照片右上方即為雷達轉發器，為航行人員自行操作輸入潛艦位置時所使用的。另外，左邊稍下方之處貼有說明圖片的就是測深儀。中間的紀錄紙張顯示的黑線就是用來表示海底。

攝影協力：日本海上自衛隊吳地方總監部

「親潮」級潛艦所搭載的慣性導航系統。

照片協力：日本海上自衛隊

動時，哨戒長會隨時使用潛望鏡持續觀測四周景象。不過，如果始終由一人持續站立觀測潛望鏡的話，就會因疲倦導致注意力渙散，所以通常會與相關人員彼此輪替進行監測。

我們在**2-2**章節中也有提到，潛望鏡上折疊式左右把手前端部位的右邊可以變動倍率、左邊可以變動俯仰角度。當使用潛望鏡觀測時，手握把手前段部位就能隨時調整倍率與俯仰角度，並且一邊持續監看觀測。一般觀測時都是降低倍率，好讓視野範圍變大，若發現什麼狀況才會提高倍率再加以詳細觀察。

潛艦內部日落後改為紅燈的原因

到了夜晚，尤其是沒有月光的漆黑夜裡，如果使用潛望鏡進行觀測，就會導致人的眼睛產生「暗適應（dark reaction）」的問題。雖然潛艦在水上航行時也會有這個現象，但人的眼睛如果突然受到光線刺激，瞳孔會急速收縮以保護眼睛，但就算很快再進入暗處，瞳孔也不會快速放大，而是要慢慢習慣暗處光線後才會再逐漸放大瞳孔。

如果身處潛艦內部的艦長與哨戒長必須立即使用潛望鏡觀測漆黑的外部景象，尚未適應暗處的眼睛是無法看到任何東西的，也會造成很大的困擾，所以就必須將潛艦內部變暗，**好讓眼睛預先適應黑暗**。因此，潛艦在太陽下山之後，艦內的燈光照明就會改成紅燈。不過，在紅色燈光下進食，味覺也會感覺更加美味，這倒也是意料之外的收穫吧！

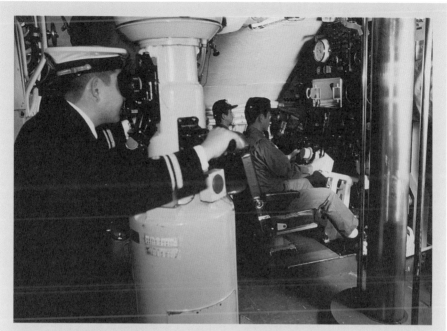

正持續進行潛望鏡觀測的哨戒長。
照片協力：日本海上自衛隊

潛艦內的照明燈具。太陽下山後會關掉右邊的白燈，改點左邊的紅燈。
攝影協力：日本海上自衛隊吳地方總監部

5-4 沈底與懸浮
～精巧的調整對於兩者均是不可或缺

提到潛艦位於水中的特別行動，這裡舉出的例子就是沈底（bottoming）與懸浮（hovering）。接下來，我們就針對這兩種特別的行動加以解說。

沈底

所謂「沈底」，就是潛艦靜坐在海底的意思。西元1939年10月，德國的U-47潛艇在艇長——君特・普里恩（譯註：Günther Prien。西元1908年～1941年，為納粹德國著名潛艦指揮官。服役期間共擊沈31艘船隻，總噸位達191,919噸。）率領下，入侵位於北大西洋奧克尼群島（Orkney Islands）的英國海軍根據地——斯卡帕灣（Scapa Flow）。德軍的U-47潛艇在此處擊沈了英國戰艦——皇家橡樹號（HMS Royal Oak, 08）。據說，普里恩艇長當時命令船艇沈底在港灣入口，靜靜等待入侵攻擊的良好機會。

沈底屬於戰術行動的一種，而且**船艦沈底之後仍然必須離開海底，繼續展開下一個行動**。要是船艦發生猛烈撞擊海底導致船體損傷，或是陷入海底之中無法駛離等情況，是非常糟糕的事情。

因此，船艦要先抵達海底最深處，關掉推進器，並在慣性的極低速狀態下進行俯仰調整。艦艇人員在沈底狀態時，仍然如常生活，並進行各式各樣的準備動作，好讓機械能夠持續保持運轉。

另外，此時調整櫃注入些許海水，潛艦就會變重，進而觸及海底。當潛艦觸及海底後，為了不讓潛艦隨著潮汐洋流飄搖振動，就要再次注入海水，好讓潛艦穩定下來。

懸浮

在人類所開發的交通工具中，能夠於三度空間某一點靜止不動的，應該只有直昇機、傾轉旋翼飛機（tiltrotor）、鷂式（Harrier）戰鬥機之類的垂直起降飛機與潛艦了。

於三度空間某一點靜止不動的動作被稱之為「懸停或懸浮（hovering）」，但直昇機之類的懸停與潛艦的懸浮之間卻有著絕對的差異。

如果是直昇機之類的懸停，因為要取得與機體重量相應的向上推力，所以引擎的出力必須推至最大程度。但潛艦只要船體懸浮的浮力與船體重量彼此平衡即可，跟推力並無關聯，所以呈現的是有如漂浮在水中的漂流木狀態。這也是艦艇人員會以「裝死」來形容此時狀態的原因。

液體中的物體，其液體中的體積會承受該液體比重所加乘而得出的浮力。因此，為了讓物體的重量與浮力相等，就要隨時注意浮力極為重要的變數 —— 也就是液體比重的變化。在海水中時，因海水溫度、鹽分濃度等因素都會導致海水比重有所變化，如果無法確實掌握這些變化，並針對潛艦的重量加以調整，就無法懸浮在海水的某一點當中。

潛艦會以**聲速的變化**來表示海水比重的變化。這是因為海水比重與海水中的聲音速度有著相當程度的關聯。

懸浮時必須注意海水的比重與深度之間的關係

潛艦的懸浮動作正是展現潛航指揮官拿手技能之處。有時哨戒長會因為戰術上或是訓練要求，而在潛航中突然發出「停止」的命令。在聽到命令的瞬間，潛航指揮官即必須將視線轉往緊鄰身旁的深度與聲速紀錄裝置，並且確認潛艦在當時該場所的深度與聲速，也就是**深度與海水比重的關係**。

如果深度愈淺、比重愈低的話，心裡會覺得「太好了」，但若相反的是深度愈深、比重愈低，且比重幾乎沒有什麼變化的話，就會覺得「這次懸浮應該很困難了！」

　　之所以有這種想法，是因為「深度愈淺、比重愈低」即表示「浮力變小」，所以潛艦的重量稍微減輕而上浮時，浮力也會慢慢變小，所以就能在某處取得平衡。相反的，即使潛艦稍稍增加重量保持下沉，但浮力還是變大，所以仍會在某處停止。

　　但如果是「深度愈淺、比重愈大」，就表示愈是上浮、浮力也就愈大，當然愈容易浮起。下沉時，也就要潛往更深之處。遇到這種情況，就必須要**確實掌握潛艦的動作，然後因應各種動作而配合進行注水或是排水**。

　　另外，因潛艦與車輛有所不同，所以從哨戒長發出「停止」的命令開始，一直到潛艦真的停止移動為止，一定要逐次漸量地降低運轉速度才行，這段期間也必須針對潛艦整體的俯仰狀況進行調整。當潛艦在調整前後平衡之際，有時會因在海水中移動較為困難，所以便讓艦上人員從某個艙區移至另一個艙區，才能處理更加細微的調整。

　　相反的，如果艦上人員想要作弄潛航指揮官，有時也會故意集合起來在潛艦內部移動，惡作劇地妨礙潛艦進行俯仰調整。

在冰洋中航行
～利用主動聲納掌握冰塊情況

　　西元1958年8月，美國的核能動力潛艦「鰩魚號」首次浮出北極海面。在西元2002年所製作的好萊塢電影《K-19，The Widowmaker》中，也描寫了K-19在北極浮出海面，而艦上人員在冰上踢足球的趣味場景。

　　冷戰時期，或許就如同美蘇想要展示北極海的作戰能力，所以兩國競相宣佈潛艦在北極海浮出水面，至少美國至今仍維持這項行動。

　　「洛杉磯」級的核能動力潛艦之所以把原本裝設在帆罩的潛舵從船艦中間位置移到了艦首，據說其中一個原因就是為了要避免在潛艦破冰浮出水面時造成損害。另外，在帆罩的前端部位也因此裝設了能夠鑿破冰塊的硬點（hard point）。

　　雖說是核能動力潛艦，但還是難以破開北極的厚層冰塊而浮上水面。當然，首先必須尋找冰間水面或是冰層較薄之處。加上冰與海水的比重有所差異，所以浮在海面上的冰塊其實有百分之九十藏在水下，而且冰塊的底部也都是凹凸不平，一點也不光滑平坦，所以航行時若疏忽不慎撞上冰塊的話，就只能重演「鐵達尼號」的悲劇了。

　　那麼，又該怎麼做才能在冰下航行時找到浮出水面的地點呢？

　　美國潛艦為此所裝設的是高頻率的主動聲納（active sonar）。雖然高頻率聲納無法探查得知較為遠處的物體，但因指向性高（directivity），所以能夠清楚描繪出外形輪廓。

　　藉由這種高周波聲音的特性，潛艦就能掌握水中冰壁的情況。甚至在避免與冰塊相撞的同時，還能找到可以浮出水面的冰間水面及冰塊較薄區域，之後即可順利浮上水面。

當潛艦要浮出水面時，因艦首裝有聲納罩（sonar dome）比較脆弱、容易受損，所以會先用前面提到位於帆罩前端處的硬點

迎擊冰塊，接著進行潛艦的俯仰調整。

浮出北極海冰原的美國海軍「維吉尼亞」級核能動力潛艦——「新墨西哥」號核能動力潛艦
（USS New Mexico ，SSN-779）。
照片：美國海軍

正迎接北極熊到訪的美國海
軍「洛杉磯」級核能動力潛
艦——「檀香山」號核能動
力潛艦（USS Honolulu,
SSN-718）。

照片：美國海軍

浮出北極冰原的美國海軍
「洛杉磯」級核能動力潛
艦──「漢普頓號」核
能動力潛艦。
照片：美國海軍

第6章 潛艦與聲音

潛艦最依賴的工具就是「聲音」，但最討厭的也是「聲音」。

在本章中，我們會先來了解海中聲音的各種相關性質。

另外，再針對潛艦如何想盡辦法探知敵人聲音，以及避免製造聲音等部分加以解說。

美國海軍的亞里·勃克級神盾驅逐艦（Arleigh Burke class destroyer）──唐納德·庫克號驅逐艦（USS Donald Cook，DDG-75）的船員正在進行針對潛艦的戰鬥訓練。　照片：美國海軍

6-1 潛艦依賴聲音
～掌握聲音特性並活用至最大程度

　　潛艦的優點就在於「隱密性」。一旦暴露自身的存在，潛艦就會變得非常脆弱，所以在搜尋目標時，潛艦並不會發出電波或是聲音，而是藉由目視或是聽聲辨音這些方式。話雖如此，因為人類能夠目視的距離為視線高度（eye height）平方與目標桅桿高度平方相加後，再開平方根所得到的數值，但潛航中的潛艦能夠伸至水面上的潛望鏡高度有其限度，所以能夠以目視方式觀察的距離是很短的。如此一來，**聽辨對手聲音**就成了最為關鍵的方法。

　　另一方面，如果想在潛艦對戰中搜尋潛航中的潛艦，電波與目視都是非常重要的工具，但這些方法的效果卻是非常有限。因為電波在進入水中之後就會立即衰減，所以雷達沒有辦法探查出所有水中的潛艦。至於目視，就算是透明度極高的清澈海域，也會因海中陽光照射區域不夠大而無法有良好成效，而且若要從上方透過光線察看，幾乎要航行至潛艦上方才能看得清楚。所以**聲音才會成為最具關鍵性的因素**。

　　不過，聲音卻有難以處理的特性，那就是聲音會往聲速較低的方向彎曲。另外，聲速也會受到水的密度影響，而密度則是會因海水溫度、鹽分濃度等條件而造成差異，甚至海水的密度變化也不會保持一致。有時，海水表面溫度雖高，但隨著深度愈深，海水的溫度也會愈來愈低。相反的，有時也會出現深度愈深，但溫度卻愈來愈高的情況。另外，也有溫度隨著深度增加而變低，但從某個深度之後卻轉而升高的情況。聲音的傳遞方式也會因為各種不同的情況而有所差異。

　　例如：聲音可傳至很遠的地方，或是幾乎傳不出去，甚至還會出現被稱為死頻帶（dead band）或是聲影區（shadow zone）這

聲音在水中的傳送方式

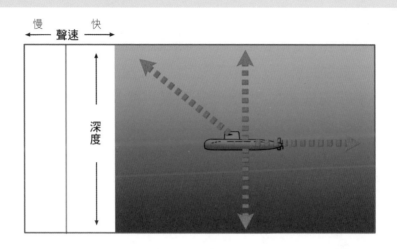

當聲速固定時，聲音會呈直線前進。

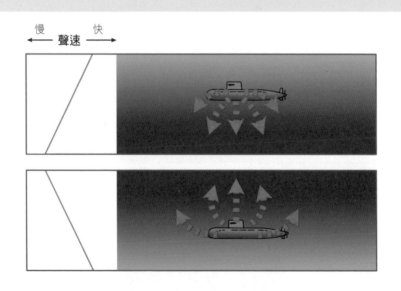

當聲速有所變化時，聲音會往聲速較慢的方向彎曲。

類聲音無法到達的區域。

當潛艦開始行動並且實施作戰時，就必須要隨時牢記聲音的特性，並且加以利用。

　　舉例來說，當潛艦要從較深深度變換為可伸出潛望鏡觀察的深度時，就會利用聲納將週邊環境徹底搜尋過。此時，水面上船艦傳來的細微聲音並不表示此為遠處目標。相反的，聲音很大時，也有可能不是附近的目標。因此，船艦會改變航線以確定周遭狀況是否有所變化，並以更為慎重的態度檢查目標動靜情況。當攻擊目標時，則會利用聲影區來避免被發現行蹤，同時也能藉此接近敵人。逃離敵軍攻擊時，也會利用聲音的特性。

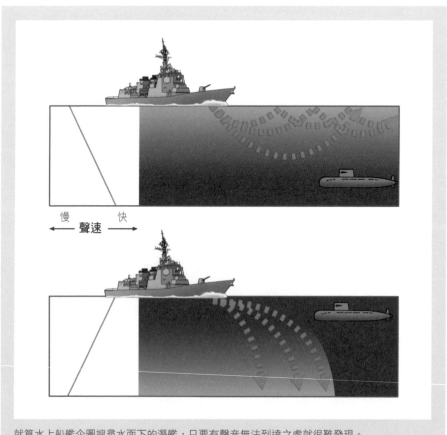

就算水上船艦企圖搜尋水面下的潛艦，只要有聲音無法到達之處就很難發現。

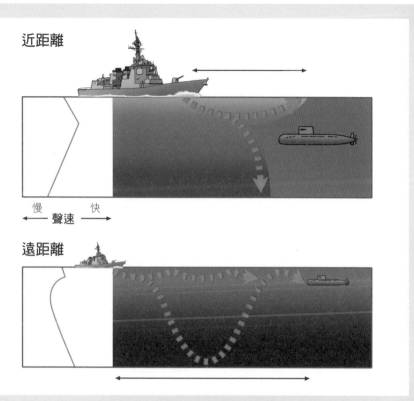

不是距離敵人較近才會被發現，也不是離敵人較遠就不會被找到。

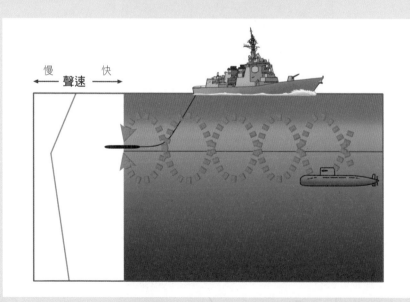

聲音有時會在聲速較慢之處出現匯集的現象。

聲音在水中的傳播

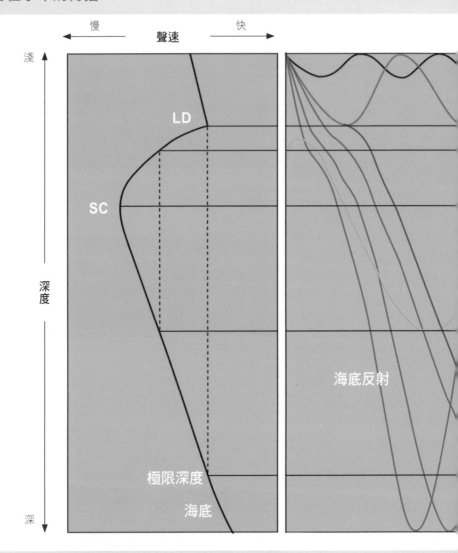

聲音在水中有著各式各樣的傳遞方式。

LD（層次深度，layer depth）：意指海洋或是湖泊等水體溫度急速變化的層帶。此處也稱為溫躍層（thermocline）或是斜溫層。

SC（聲道，sound channel）：聲音在水中傳遞過程中，隨著深度加深而出現聲速暫時變慢情況，之後則因水壓的壓力而再次加快。當發生這個現象時，會以聲速最慢的深度為軸而形成聲響的通道，此通道內的聲音可傳播至遠處。

極限深度（limiting depth）：海面附近產生的聲波在水中傳遞的過程中，隨著深度加深而出現聲速暫時變慢情況，之後會因水壓的壓力而再次加快。水面附近的聲速與水底深處的聲速成為一致的深度稱之為極限深度，之後到海底的深度則稱為剩餘深度（depth excess）。

距離 ⟶

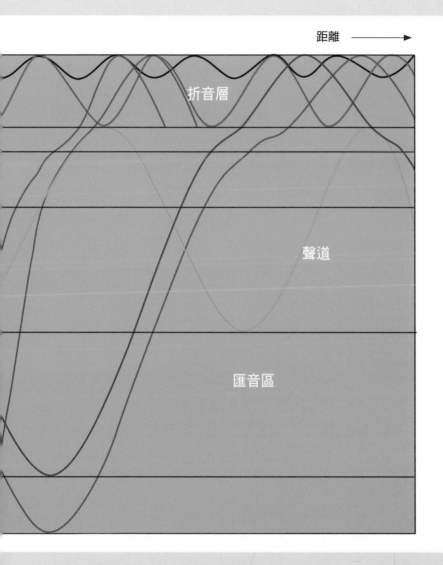

折音層

聲道

匯音區

折音層（surface duct）：海面與LD之間聲音重複反射的傳遞現象，當發生此現象時，聲音可傳播至遠處。

海底反射（bottom bounce）：此現象是指海底與石堆等容易造成聲音反射的海域裡，較淺深度所產生的聲音在海底造成反射並傳播至距離音源很遠的地方。

匯音區（convergence zone）：在較淺深度所產生的聲音於水中傳遞的過程裡，隨著深度加深而不斷加強的水壓被推至上方而到達海面的現象。當發生此種狀況時，會在遠離音源的海域形成所謂的聲波匯音區。

6-2 聲納、TASS、聲紋
～水上艦艇與水下潛艦都藉由聲音探查敵人

　　潛艦找出目標的方法有目視、夜視裝置（Night vision device，NVD）、ESM（Electronic Support Measures，電子支援設備）、雷達等，但最主要的方法還是聲納。另一方面，反潛部隊搜尋潛艦的方式則可列舉出目視、雷達、**ESM**、**MAD**等方法，但同樣都以聲納為最主要工具。「MAD」為「magnetic anomaly detector」的簡稱，也就是所謂的「磁場異常探測儀」。因為潛艦的存在，地球這個擁有巨大磁石的磁場就會出現異常現象，而用來探測此種異常的裝置就是「MAD」。

　　潛艦與反潛部隊雙方都是以聲納作為主要的搜尋方式，而聲納是一種以聲音當作媒介的感應器。第二次世界大戰時期，英國於力抗U型潛艇的戰事中開發出聲納這項工具，當時將其稱呼為「ASDIC」（回音測距裝置，接下來統一稱為聲納）。如同山谷間的回音一樣，聲納就是利用發出訊號並在碰到潛艦彈回聲音後，藉以察知潛艦所在。這種方式稱之為「主動聲納」。相對於此種類型，潛艦側邊還裝設了功能強大的「被動聲納（passive sonar）」，這種聽音裝置是利用聽辨對方聲納發出的聲波及對方發出的聲音來探查對方的行蹤。

　　因為「想要搜索比潛艦更遠之處」的要求，所以希望主動聲納能夠大幅升高輸出功率，而且頻率也變得更低。不過，因目前已開發出各種可預防主動聲納探查行蹤的防探素材，加上船體形狀也有所改變，所以要用主動聲納發現潛艦行蹤已經愈來愈難。

　　因此，包括水上船艦都開始將焦點轉向使用被動聲納的反潛作戰。這其中最受到矚目的，就是低頻帶的聲音，低頻的聲音可以被傳播至遠處。能夠到達遠離音源處才會出現的匯音區的聲音，也是一種低頻帶的聲音。

MAD的感應器部分

P-3C反潛巡邏機的MAD（磁場異常探測儀）。
照片：日本海上自衛隊（部分內容為筆者增添）

SH-60J反潛直升機的MAD感應器部分

反潛直升機SH-60J的MAD。張開拖曳用纜線後，於曳航時所使用。
照片：日本海上自衛隊（部分內容為筆者增添）

為了有效探測找出這種聲音，之後即開發出拖曳式的聲納系統，並取每個單字的第一個英文字母而稱之為**TASS（Towed Array Sonar System，拖曳陣列聲納系統）**。從艦艇（水面艦艇與潛水艦艇）拉出數百至一千多公尺的拖曳纜線，其前端裝有名為「水中聽音器（hydrophone）」的聽辨聲音裝置。藉由拖曳著TASS，即可在不受艦艇聲音干擾下，探測敵人目標所在。

能夠判斷特定船艦的聲紋

　　大家知道「聲紋」這個名詞嗎？一般聲音與機械發出的聲音都稱之為「穩定音（stationary sound）」，是由各種頻率的聲音聚集起來的，並可藉由加載至載波（carrier wave）傳送出去。將接收到的聲音一個個地解開的作業則稱之為「分析」。經由分析，就能掌握「此種機械發出的穩定音會有某個特別明顯的頻率」等此類特徵。

　　這種特徵與指紋類似，都屬於該機械或是某個人特有，所以也被稱為「聲紋（voiceprint）」。因此，這個分析結果就被稱為「目錄資料（catalog data）」。如果與事前收集的資料互相比較，就能了解「這個聲音為何」。因此，不論是對潛艦或是反潛部隊，「**要收集累積多少目錄資料**」是一項非常重要的工作。

　　我想很多讀者都知道美國海軍無瑕號研究船（USNS Impeccable, T-AGOS-23）於2009年遭遇中國船隻妨礙航行的事件。這艘無瑕號就是一艘以收集音響資料為任務的音響監測船。在日本，也有「播磨號（JS Harima, AOS-5202）」與「響號（JS Hibiki, AOS-5201）」這兩艘船艇用來收集音響資料。

「維吉尼亞」級核子動力潛艦的模擬圖。艦首處呈現圓形的區域為聲納導流罩。藉由將其製作為球形，甚至能夠明確判斷探測目標「究竟是在上方還是下方」。
照片協力：在日美國海軍司令部廣報部

美國海軍的「維吉尼亞」級核子動力潛艦的聲納室。
照片協力：在日美國海軍司令部廣報部提供

美國海軍的音響監測船——「無瑕號」。使用被動陣列聲納及主動陣列聲納等裝置來收集潛艦的聲紋。

照片：美國海軍

西元2009年3月，兩艘中國船艦於南海停在無瑕號前方，強迫無瑕號緊急下錨停船。

照片：美國海軍

停泊在日本吳港的海上自衛隊音響監測船——「響」號。

「響」號音響監測船從艦尾中央處使用拖曳纜線來持續投放聲波接收器。

6-3 潛艦討厭聲音
～徹底降低雜音

　　從前面說明過的內容應該都可以了解，就某方面意義來說，潛艦的戰爭就是一場聲音的戰爭。

　　也因為這樣，潛艦才會極力避免發出聲音。

　　如果有機會參觀潛艦時，大家可以看到艦上人員都會穿著制服或是作業服，腳上也會穿著皮鞋。不過，等到潛艦出港之後，船上人員就會改穿走路時不易發出聲音的球鞋。此外，潛艦內部的地板也會鋪上隔音用的地墊。艦長室與軍官個人房間的房門通常是打開且固定的。這是因為房門若被彈跳影響而「砰」地關上，就會讓敵人聽到這個聲音了。因此，除了房門之外，其他還有各式各樣的物體都必須加以固定綁牢，以避免因為潛艦的行動而導致發出各種聲音。

　　更重要的是，一定要避免潛艦搭載的機械聲音傳出去而被聽到。

　　大家務必要有「東西有所動作就一定會製造聲音」的觀念。舉例來說，像是電動馬達與幫浦的轉動聲響、油壓系統的作動油體在船舵與潛望鏡動作時流動的聲音等。潛艦的行動會產生各式各樣的聲音，為了不讓這些聲音被敵軍探查監測，可大致區分為兩種方法。

　　一種是「努力讓機械等物體不要發出聲音」。不知讀者們家裡是否也有靜音型的電器製品？潛艦用的各種機器也是類似的，都是透過相關企業的努力而使得靜音化得以（潛艦將其稱之為降噪，noise reduction）持續改善。目前甚至已經發展至必須投入龐大預算來降低更多噪音的程度。

　　於是，相關的想法也開始有所改變。「如果機器發出的噪音無法降至零時，那就試著讓聲音不要傳入海水當中就好了」。因

此，潛艦在裝配各種機械設備時，全都盡量採用**各種阻斷聲音傳至船體的方法**。

　　此外，在行駛潛艦這方面，也就是潛艦內部的人員們，同樣極度努力不要發出聲音。就像前面提到的，穿著球鞋也是因為相同目的，其他甚至還配置了「**無聲潛航**」這個特別的單位。首先，將潛艦搭載的機器大致分為作戰所需機器與維持生活的必須機器，再因應戰況而停止必要度較低機器的運作。雖然有個笑話提到：「某個國家的潛艦停下來後一切就安靜了」，但停止機器運轉的確就不會發出聲音。當遇到最為嚴峻的情況時，甚至連保存食物的冰箱和冷凍庫也全都要停止運作。

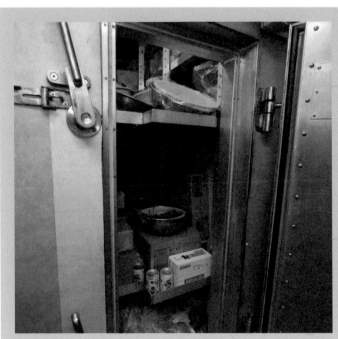

「親潮」級潛艦的冰箱。當潛艦進入無聲潛航後，這座冰箱也會停止運轉，同時禁止開關以避免冰箱內部溫度升高。

照片協力：日本海上自衛隊

第7章 潛艦的作戰

在本章中，我們將會針對潛艦裝備的代表性武器——魚雷的攻擊程序、魚雷的射擊方法、反潛飛彈，以及水雷的運用方法等主題加以解說。
另外，也會進一步了解火災、進水對策、緊急時刻浮出水面的方法、迴避反潛巡邏機（Maritime patrol aircraft, MPA）的方法等相關內容。

美國「維吉尼亞」級核能動力潛艦「北卡羅萊納號（USS North Carolina，SSN 777）」的船員正在檢查魚雷發射管的景象。

照片：美國海軍

潛艦的通訊
～原則上只會接收電波

　　潛艦的作戰並不是從發現目標這個時間點才開始，而是在更早之前，於離港前停泊期間接收到作戰命令之際就開始了。我想，這樣的說法應該是比較好的。

　　一般情況都是以文書型式將命令授與潛艦人員。

　　雖然艦長要依據此命令而訂定作戰計畫後才離開港口，但若想作戰成功，只依靠艦長接受到的命令上顯示的資訊顯然不太足夠。因為戰況情勢可是時時刻刻都在改變，而且要是能夠知道位於潛艦本身收集資訊範圍外側的目標動向，除了可讓艦長更有空間之外，**潛艦在攻擊方面也先佔據了有利的位置**。因此，潛艦也需要陸地上的上級司令部支援提供各種資訊。

　　即使是上級司令部，也可能因為狀況在潛艦出港後有所變化，所以必須向潛艦傳達最新的命令，而潛艦有時也必須向上級司令部進行報告。

　　要如何讓上級司令部將最新命令與指示傳達給航向海洋的潛艦、潛艦如何向上級司令部進行報告，的確是一個難以說明論定的主題，但筆者還是想要嘗試看看。

　　陸地上的司令部與航行海上的軍艦之間如何進行通訊，是自古以來就一直存在的問題。帆船海軍時代並沒有現在這類的無線通訊技術。因此，可快速航行的小型帆船就會帶著命令書奔往浩瀚大海，找到目標軍艦後再遞交命令書。但這麼一來，便要花費許多時間才能將最新的命令與資訊情報傳送給位於前線的軍艦。

　　西元1895年，義大利的古列爾莫・馬可尼（譯註：Guglielmo Marconi，西元1874年～1937年。因開發無線電而廣為世人所知的義大利工程師，西元1909年獲得諾貝爾物理學獎。）發明了**無線電通訊（radio communication）**，正式突破了「時間」這個

潛望鏡

雷達

複合天線

4公尺整流天線
（rectifying antenna）

潛艦所搭載的各種通訊天線。
照片：日本海上自衛隊（部分內容為筆者增添）

在當時仍是巨大障礙的要素。就連「鐵達尼號」的船難，也是透過無線電通訊將遇難消息傳遞到世界各地。

日本海軍自西元1900年開始進行無線電報機（radio telegraph）。當1905年爆發對馬海峽海戰時，驅逐艦以上的軍艦也都開始裝配這個設備。1905年5月27日，發現俄羅斯第二太平洋艦隊（Baltic Fleet，波羅的海艦隊）的偽裝巡洋艦——信濃丸（Shinano Maru），就是以無線電發出訊息而提出「發現敵軍第二艦隊」的著名報告。

德國潛艦部隊有效利用短波

我們可以在第二次世界大戰中的德國海軍中，找到潛艦戰役中有效使用無線電的例子。德國的潛艦部隊指揮官——卡爾‧鄧尼茲，展開了以U型潛艇引領的「狼群作戰」。當發現同盟國的商船時，U型潛艇並不會馬上展開攻擊，而是利用短波（short wave）發出電報告知已經發現目標。接收到電報的鄧尼茲再把目標相關資訊用電報機發信給鄰近的U型潛艇，然後聚集各艘U型潛艇後再進行攻擊。當時所使用的就是短波（高頻，High Frequency）。

為了對抗這種狼群作戰，同盟國採用的方法之一就是名為「HF-DF（High-frequency direction finder，高頻測向臺）」的裝置。因為短波具有可傳播至遠處的特性，所以可全向傳送電波。只要仔細追查頻率，即能找出來源。同盟國所開發出來的「HF-DF」，就是能夠分辨短波由何處發送而來的裝置。在此之前，就算知道電波已經發出，但卻不清楚方向為何。一旦知道方向來處，就能藉由三個地點的測定而追查出訊號來源。

而且，若是幾乎直角相交的話，以兩個位置的方位來測定並沒有問題，但如果其中有銳角或是鈍角時，精確度會變低，所以

偽裝巡洋艦──「信濃丸」。所謂的偽裝巡洋艦是將商船改造成的武裝軍艦，也被稱為「輔助巡洋艦」或是「特設巡洋艦」。在日俄戰爭對馬海峽海戰中，發現了俄羅斯海軍的波羅的海艦隊，並以無線電發出通報，促使日本海軍聯合艦隊獲得了勝利。
照片協力：日本郵政博物館

「信濃丸」上裝設的三六式無線電報機。在對馬海峽海戰期間，驅逐艦以上的軍艦都開始裝配這種設備。
照片協力：日本郵政博物館

原則上都會測定三個位置的方位。

　　為了避免此種情況，就必須要有距離盡量更短，且傳送時亦具有某種方向性的電波。因應這種要求而開發出來的就是使用特高頻（VHF，Very High Frequency）與超高頻（UHF，Ultra High Frequency）等電波的通訊方式。VHF或是UHF，原則上都是藉由通話來進行訊息溝通。甚至隨著需求增加，現在也開始使用衛星通訊了。

　　話雖如此，目前遠距離通訊使用的仍是短波。像這類情況，都是將通訊內容壓縮後，再升起短波天線桿後傳送出去，而且為了不讓對方檢測出方位，傳送的時間都非常短，

　　不過，就像本身討厭產生聲音一樣，潛艦當然也不喜歡發出電波。因此，原則上通訊時都是由單方面傳送電波，潛艦只須接收即可。另外，為了不要在接收電波之際伸出天線，潛艦的對應方法就是採用能夠傳送至某個深度的特低頻（VLF，Very Low Frequency）。

　　舉例來說，當美國海軍想要將總統的命令傳送給搭載彈道飛彈的核能動力潛艦時，就會利用名為「TACAMO（Take Charge And Move Out）」的E-6通信中繼機傳送VLF的電波。

　　日本對潛艦傳送訊息時，則是使用VLF無線電台。日本防衛廳在〈以昭和58至62年度為對象之中期業務預算〉中，決定了「推展特低頻無線電台的整制」等相關工作，並在1991年於日本宮崎縣蝦野市的無線電台開始向潛艦進行通訊。

被稱為TACAMO（Take Charge And Move Out）的波音E-6通信中繼機（Boeing E-6 Mercury），也就是使用特低頻（VLF）向潛艦傳送訊號的飛機。
照片：美國海軍

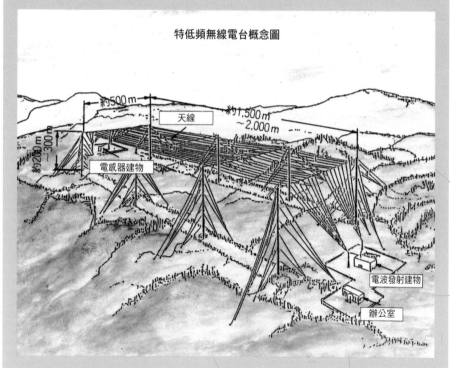

特低頻無線電台概念圖

特低頻無線電台的概念圖。位於宮崎縣蝦野市的電台是日本唯一的特低頻電台。
圖像協力：日本海上自衛隊

魚雷
～自導魚雷能夠交替切換

　　潛艦由發射管發射魚雷的歷史令人意外的悠久，據說從西元1886年就開始了。雖然有部分屬於例外，但以世界標準來看，現今的發射管直徑應該是533公釐左右。從這類發射管所發射的魚雷，目前有兩個種類，但就算有兩種，也還是要看將焦點置於魚雷的哪個部位，進而產生各種不同的分類方式。

　　如果以發射方式來區分，則會有「**氣壓發射**」魚雷與「**自滑發射**」魚雷這兩種。所謂「氣壓發射」方式，是在送出發射訊號後，就會將高壓空氣送入與發射管成套裝設的水壓筒（如同水艙槍之類的裝置）當中。此高壓空氣會啟動活塞而產生水壓，並在進入發射管後即可將魚雷推擠送出。至於另一種「自滑發射」方式，魚雷接收到發射訊號後就會啟動魚雷引擎，位於發射管當中的螺旋槳即開始轉動，魚雷就會從發射管中自體滑行竄出了。自滑發射的英文稱之為「swim out」，真是傳神的名字。

　　至於其他區分方式，則是有「**直進魚雷**」與「**誘導魚雷**」。直進魚雷是一種筆直射往命令方向的魚雷；而誘導魚雷則是目標即使想要逃離，也會持續追擊的魚雷。誘導魚雷的基本型式就是**自導魚雷（homing torpedo）**。其中「自導魚雷」還可分為兩種方式，一種是在魚雷前段裝設小型聲納，魚雷依循聲納發出音訊且遇到目標反射回來的聲音而持續追擊的**主動式**，以及聽辨目標發出聲音而持續追蹤的**被動式**。因水中無法使用電波與紅外線，所以只能藉由聲音來進行追擊。

　　不過，有些魚雷無法被歸類為主動式魚雷或被動式魚雷，因為這些魚雷同時具有這兩種能力，可隨時因應戰況而切換為主動或被動後再行發射。甚至將這兩種類型組合起來發射也是可行的。

　　另外，我們也能以「如何破壞敵軍船艦」的標準來進行分類。在目前的魚雷當中，除了有利用泡沫噴射（bubble jet）效果來擊沈敵軍船艦的魚雷，也有藉由蒙羅效應（Munroe effect）擊沈敵軍的魚雷。當然，也有效能差的魚雷。

被收納在美國海軍核能動力潛艦發射管室中的魚雷與飛彈。
照片：美國海軍

由水面艦艇三連發魚雷發射管射出的魚雷。
照片：美國海軍

7-3 魚雷是如何進入潛艦內部

～潛艦上設有名為「魚雷裝載口」的專用入口

　　說到這裡，想請問大家一個問題。那就是**魚雷是如何進入潛艦內部**呢？以長度來說，形狀細長的魚雷大約可達6公尺左右。此外，潛艦設有進出內部專用的出入口，而日本的潛艦大致設在前、中、後三個區段，但出入口是垂直的，且寬度約僅容許一人通過。因此，若要將長度6公尺、直徑533公釐左右的魚雷直進送入艦內，潛艦內部也沒有將其水平進入及置放的空間。

　　那麼，魚雷又是如何送入艦內的呢？一般說來，潛艦在前段或是中段處的出入口會設有魚雷的特別出入口，稱之為「**魚雷裝載口**」。因為不是平日會開開關關的裝載口，所以會裝設能夠承受潛艦深潛壓力的蓋子。為了讓魚雷能夠進入這個裝載口，裝設時必須稍微斜傾出一個角度。

　　裝載魚雷時，要在上甲板處設置魚雷的**搭載架台**。另外，潛艦內部收納魚雷的艙區，部分地板會設計成能夠搭載或是移動魚雷的油壓作動系統。將此地板一邊的頂端升起打斜，此時的傾斜角度會與上甲板搭載架台及裝載口相同，形成**魚雷能夠順滑移動的滑梯**。

　　魚雷就是放在這個由搭載架台、裝載口、潛艦內部地板等裝置形成的滑梯之上後才滑降下來。當然，魚雷的重量將近兩噸，與其說是滑降下來，其實還是需要用繩索或鋼纜控制而緩降至潛艦當中。等魚雷進入潛艦內部之後，斜置的地板會再恢復水平狀態，接著將其升高放上被稱為「**滑架（skid）**」的架台位置，並橫向移動放入，即完成收納。

　　即使是長度較短而被稱為「短魚雷」的輕型魚雷，飛彈及水雷，均使用這種方式進入潛艦當中。

潛艦正在裝載魚雷的景象。
照片：美國海軍

正在進行Mk 48 ADCAP裝載作業的美國海軍核能動力潛艦──「奧克拉荷馬市」號潛艦。
照片：美國海軍

「夕潮」級潛艦的魚雷裝載口。

攝影協力：日本海上自衛隊吳地方總監部

「親潮」級潛艦的發射管室。照片中央處的銀色地板在裝載魚雷時會變成魚雷滑降用的架台。打開銀色部位，升起桿子，利用油壓系統打斜以承接魚雷。之後，轉為水平狀態後挪出必要的架台承載魚雷。空置的魚雷收納架台上會設置備用床舖，是為了實習人員登艦並完成潛艦教育訓練等情況所準備的。當然，這些床舖在魚雷滿載時都會被撤掉。

照片協力：日本海上自衛隊

完成收納作業的魚雷。
照片：美國海軍

正在美國海軍「亨・
M・傑克遜號」核能
動 力 潛 艦（U S S
Henry M. Jackson
SSBN-730）上進行
發射管檢查作業的船
員。上方為後門打開
的狀態，下方則為關
閉的狀態。
照片：美國海軍

7-4 襲擊
～什麼是襲擊時最重要之事？

在日本，很不可思議的是，攻擊敵軍船艦一直被習慣稱為「襲擊」。甚至在現今的日本海上自衛隊也沒有改變。

襲擊的傳統武器就是魚雷，所以這裡我們就來談談利用魚雷進行的襲擊吧！使用反潛飛彈的襲擊，大致上也是應用魚雷的襲擊。

襲擊的基本關鍵，就是向量三角形的解法。若是朝向目標此刻所在位置擊發，魚雷是無法命中的。原因在於目標會以「某個速度」朝著「某條航線」移動，所以等魚雷到達目標目前所在位置時，攻擊目標早就不在原處了。

因此，潛艦必須朝向未來位置擊發魚雷，未來位置就是依據某條航線及某個速度移動的目標，與依據某條航線及某個速度前進的魚雷相會之處。藉由向量三角形的解法，就能找出這個未來位置。

請大家看看右頁插圖。潛艦進行襲擊時，最重要的關鍵就是掌握目標現在位置、由本艦所見目標的方位與距離，以及目標的航線與速度等資訊。蒐集這些資料的作業就稱之為「目標運動分析（TMA，Target Motion Analysis）」。襲擊還可依據目標運動分析而區分為「潛望鏡襲擊」與「聽音襲擊」（請參考7-5、7-6的內文）。

襲擊的過程可分為接觸敵人、攻擊、迴避等三階段。接觸敵人就是發現目標後持續活動，以到達最佳魚雷發射地點的階段。在此階段進行移動時，務必注意不要被敵人發現蹤跡。

舉例來說，使用雷達以正確探知目標位置雖然可行，但如果敵軍艦艇本身擁有性能優異的ESM（Electronic Support Measures，電子支援設備；監測敵人雷達波的裝置），就會輕易

被敵人發現蹤跡。此外，就像後面會提到的，當使用潛望鏡觀測目標時，在水面上伸長的潛望鏡同樣會被敵軍的雷達給鎖定。

　　一邊接觸敵人，一邊進行目標運動分析，等到達發射地點時再擊發魚雷。

　　另外，如果在到達最佳發射地點時擊發魚雷，之後就是「三十六計、走為上策了」。不過這類情況還是要多多思考當時戰況，仔細找出脫逃方向與速度的使用方式等。

用以命中魚雷的向量三角形

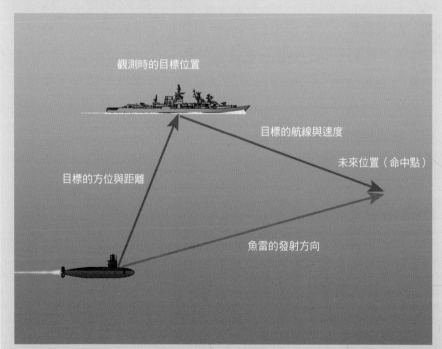

因為目標是持續移動的，所以必須掌握「目標的方位與距離」「目標的航線與速度」等條件，才能在預測未來位置時求得盡可能正確的結果。

潛望鏡襲擊
～了解敵人的「方位」、「距離」、「方位角」等資訊

　　如同 **7-4** 章節內文所說明的，進行襲擊的基礎在於正確掌握從潛艦看到的目標速度方向等資訊。因此，第一步就是針對目標位置、也就是潛艦所見目標的方位與距離進行觀測，並且要反覆確認。如此就能知道目標的航線與速度等資訊。

　　進行潛望鏡襲擊時，艦長會用潛望鏡觀測目標，再以這些資料為基礎，進行目標行動分析。不過，利用潛望鏡所進行的觀測方位雖然正確，但還是無法藉由目測得知正確距離。

　　話雖如此，就算使用的是目測，還是可以藉由下面兩個方法其中之一，盡力了解以得知更為正確的距離。

　　其中一種就是**利用標註在潛望鏡視野中的角分記號**。當我們欣賞潛艦相關電影時，一定會出現由潛望鏡觀看敵軍船艦的影像，但大家是否記得潛望鏡的視野會出現十字線，而且還標上了刻度嗎？這個標註的刻度稱之為「角分（minute of angle）」，其**定義為位於一千公尺前方，一公尺高度的目標為一角分**。如果知道目標的高度，就能從看到該目標的幾角分得出距離。如果以2角分看到高度15公尺的目標，那麼本身與目標的距離就會是7500公尺（1000×15÷2）。

　　至於另外一種方法，則是**移動目標的虛像，並與實像船桅上的虛像水位線（water line）**※重疊，即可藉由船桅高度而得出距離。雖然近來這種方法已經較為少見，但在相機上對焦時，也會像這樣重疊實像與虛像，這與上面的方法是相同的。

※現在看到的船體與大海相接的線就是水位線。如果近距離時，會與吃水線一致，但若是遠距離的話，像是只能看到船桅的情況，其船桅與大海相接的線就會成為水位線。藉由判斷此處與船桅頂部之間有幾呎高度，就能判斷距離了。

由潛望鏡所見到的景象。這張照片的拍攝地點是在日本廣島縣吳市的海上自衛隊吳史料館
（暱稱：鐵鯨館）中的舊「秋潮」號潛艦。照片中的十字交叉點為停泊在吳港的「利根護衛
艦（JS Tone, DE-234）」。當進行潛望鏡襲擊而予以觀測目標時，若是剛好像這樣找出目
標的方位，並看到影象靠近左側處出現橫線，就會顯示角分。

攝影協力：日本海上自衛隊吳地方總監部

何謂角分？

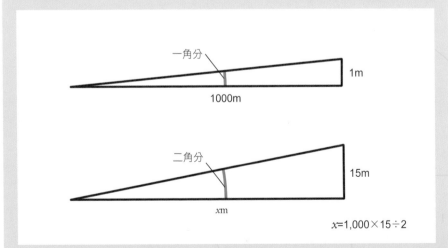

位於一千公尺前方的一公尺高度目標為一角分。只要預先知道目標的高度，就能算出至目標
之間的距離。

由潛望鏡觀測所得到的重要資訊還有「方向角（Bearing）」。所謂的「方向角」，是相對於從潛艦看往目標的線，面向目標潛艦的角度，且左右兩邊都以0開始至180度的角度進行判定。在潛艦上，可能有很多人會複誦「angle on the bow（船首角）」。藉由這個方向角，即可**掌握目標航線**。如果目標筆直朝本艦而來時，就會是「angle on the bow 0度」。因此，若0度的觀測目標其方向角也是0度時，目標的航線就是180度。

不過，就算要取得這三種資訊（方位、距離、方位角），也無法將潛望鏡長長地伸至水面之上。即使只有些微部分露出水面，但「潛望鏡伸出水面」這個行為，本身就可能讓對方察覺我軍所在。因此，進行潛望鏡觀測時，則是要以「因應當時海上情況，將潛望鏡伸出水面至能夠觀測目標的最低限高度，並在瞬間進行觀測後隨即降下潛望鏡」的方式進行，而且艦長必須在非常**短暫的觀測時間內找出目標的方位、距離，以及方位角等資訊**。接下來，我們就依據上述事項，試著描繪潛望鏡襲擊的流程。

潛望鏡襲擊的流程

艦長決定觀測目標後，隨即向襲擊團隊明確表達觀測的意向，並且下達命令：

「開始觀測目標！」

很快的，接受到命令的襲擊團隊就回報了目標的預測位置。就像電影一樣，艦長將帽沿往後一推，在潛望鏡前方蹲了下來，同時發出指令：

「升起潛望鏡！」

潛望鏡的輔助海員立即操作油壓閥門以升上潛望鏡，並在潛望鏡把手超過地板高度的同時打開把手，並將潛望鏡轉向建議的預測方位。

方位角（Azimuth）與方向角

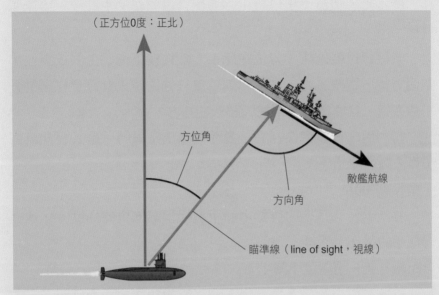

正北方與瞄準線（視線）所形成的角度即為方位角。敵艦航線與瞄準線（視線）所形成的角度即為方向角。

船首角（angle on the bow）

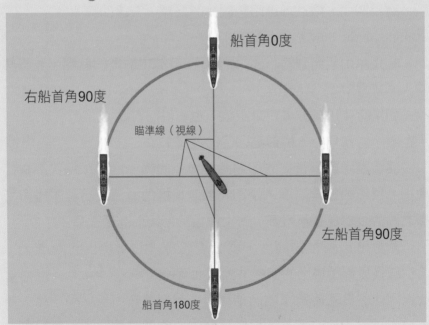

當目標筆直朝往本艦駛來時，就會形成「angle on the bow 0度」。

艦長將眼睛靠上接目鏡，一邊配合潛望鏡的上升，一邊確認目標。

「目標目視確認，方位在此！」然後按下把手上的按鍵送出某個方位。這麼一來，**方位資料就會被輸入用來計算目標運動分析的系統，且同時傳送到繪製圖形的地方。**

當利用虛像與實像互相重疊而測量出距離時，艦長會向航海工作人員發令道：

「桅桿高100英尺！」

並指示作為基準的目標水面至桅桿頂端部位的高度，迅速進行把手的操作，然後命令：

「距離為此，潛望鏡下降！」

航海工作人員一邊進行降下潛望鏡的操作，一邊確認顯示的距離，並複誦回報：

「距離，8千碼！」

這段期間，艦長一邊回想觀測的目標，一邊回答：

「angle on the bow，右方25度！」

艦長藉由觀測到的angle on the bow 算出敵艦的航線，並將其輸入系統當中。

如果有使用角分來測量距離，也一併回答說：

「距離，△△角分。桅桿高○○○英尺！」

襲擊團隊聽到後，立即開始計算並回報。之所以每次都會特地指示目標的桅桿高度，是因為**觀測目標的方法會隨著本艦與目標之間的距離及各種情況、海上景象的不同而有所差異。**

若無法出現推測範圍，就必須思考「利用桅桿的距離」、「從艦長目標所導出的航線」等方面有所誤差。

因此，為了將數次觀測結果藉由圖形製作而予以平均化，並匯整出更為正確的解答，以艦長為中心的襲擊相關團隊都是全力

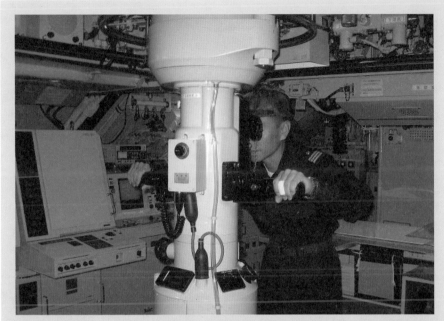

正在進行潛望鏡觀測的艦長。只要移動艦長右手邊的部分，即可調整視野的倍率。左手邊的部位可用來變更俯仰角度。不過，因為非貫通型潛望鏡的引進，這樣的景象也愈來愈少見了。

照片協力：日本海上自衛隊

以赴的。

　　不過，到目前為止的說明，都是與貫通型潛望鏡有關，自從改用非貫通型潛望鏡之後，相關的景象也早已截然不同。現在只能想像艦長站在作戰指揮系統前方交叉雙臂發出命令，並且凝視著螢幕畫面的景象了。

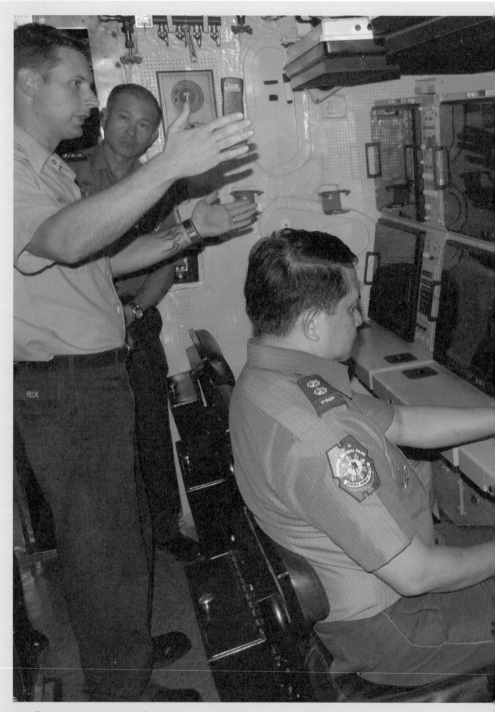

美國「海狼」級核子動力潛艦「康乃狄克」號（USS Connecticut，SSN- 22）的作戰指揮系統。
照片：美國海軍

聽音襲擊

～計算推進器破浪撥水聲音的原因

　　如果因為各式各樣戰術而無法使用潛望鏡時，就只能利用聲納而藉由聲音來進行襲擊了。這種情況就稱之為「聽音襲擊」。聽音襲擊最大的問題點，就是無法藉由聽音來獲得距離數值。因此，**方位的變化**就成了解決此問題的關鍵要素。

　　即使是位於相同距離且朝相同方向移動的目標，速度較快的目標其方位變化的方式會比速度較慢的目標來得更大。此外，就算是以相同速度朝相同方向移動的目標，位於近處的目標方位變化也會比較遠處的目標來得更大。

　　這裡也有取得襲擊時必備方位、距離、速度等資訊的訣竅。就像我們前面提到的，可以從聲納得到方位的資料。至於速度，不知大家是否曾在潛艦相關電影、漫畫、動畫裡看過正在傾聽水面艦艇推進器發出「唰唰」聲的場景？

　　事實上，現實世界裡也幾乎都是這樣做的。

　　「唰」這個聲音，其實是推進器葉片劃開海水的聲音，所以只要計算一分鐘內這種聲音的數值，並除以推進器葉片數，就能獲得**推進軸的轉速**，進而估算出航行速度。如此一來，即取得潛艦最想要的資料。這些資訊代表的是「哪種船艇會裝備多少葉片推進器？」，以及「該種船艇的推進軸轉速多少時航速是多少？」因此，潛艦平日就會像這樣收集各種資訊，並努力累積成為資料庫。

　　另一方面，在潛艦側邊且推進器應該保護的資訊中，除了技術性資料之外，還包含了戰術性的相關問題。

　　這裡我們先將話題轉回目標運動解析。聲納會間隔一定時間收到傳送過來的方位資料，接著將當時本艦位置與目標方位連線的資料輸入戰術製圖之中。這樣反覆進行幾次後，就能使用這個

位於老舊潛艦「秋潮」號（現位於日本海上自衛隊吳史料館）作戰指揮系統的目標分析示意圖。

攝影協力：日本海上自衛隊吳地方總監部

以速度為基礎而製作出的特別模板樣本，進而求出戰術製圖上最適合方位線動作的地方。當然，這種推測得出的速度會有所誤差，所以要用求得答案的前後幾個速度多加嘗試，並非僅用一個速度就好。

　　反覆進行這種嚴謹的作業後，再以各式各樣的資訊為基礎來研判獲得的結論，最後一定能找到「就是這個！」的答案。

7-7 魚雷的射法
～期待絕對命中的「覆蓋發射」

　　經由目標運動分析並不斷努力修正後，即可決定明確位置而發射魚雷。不過，並不是進行目標運動分析就能獲得滿分的答案。因此，必須補足其餘的「特定誤差」，才能期待魚雷正中目標。

　　其中一個方法就是縮短距離到最近處再發射魚雷。西元1982年的福克蘭群島戰爭（譯註：Falklands War。西元1982年4月至6月期間，英國與阿根廷為爭奪福克蘭群島主權而爆發的戰爭。）期間，英國的「征服者號核能動力潛艦（HMS Conqueror, S48）」擊沈了阿根廷的「貝爾格拉諾將軍號巡洋艦（ARA General Belgrano）」當時，「征服者號」發揮了核能動力潛艦的優勢悄悄地靠近了巡洋艦，接著發射了二次世界大戰中使用的Mk VⅢ直進魚雷擊沈阿軍艦艇，而非媒體報導的「Mk 24 虎魚（Mk 24 Tigerfish torpedo）」最新型自導魚雷。

　　不過，如果想要一發必中而靠近敵人，本艦被發現的風險也會升高，而且在戰術方面也是較難採用的方法。

　　因此，在發射直進魚雷時，為了補足目標運動分析的誤差，就會採用以某個角度或是扇形方式來發射複數魚雷，而此種發射也被稱為「覆蓋發射」。在這類情況中，究竟要以何種角度、何種次序發射魚雷，都必須視當時的戰況及判斷後才能做出決定。

　　這裡，我們再來談談一個有關魚雷扇形發射的小故事。

　　NATO（North Atlantic Treaty Organization，北大西洋公約組織）結束某個演習之後，參與活動的海軍將官們舉行了一場集會。席間美國海軍艦艇人員向德國（當時為西德）海軍的艦艇人員詢問道：「發射魚雷時，要如何使用覆蓋發射？」

　　德國海軍的艦艇人員心裡想著，「什麼啊，就算美國好像很

魚雷的威力。美國海軍的Mk 48 ADCAP魚雷命中目標的瞬間（左）及其後狀況（右）
照片：美國海軍

舊潛艦「秋潮」號（現位於日本海上自衛隊吳史料館）的魚雷發射控制臺。顯示在螢幕上的
是示意圖像。
攝影協力：日本海上自衛隊吳地方總監部

了不起，難道一個目標就非得發射那麼多魚雷才行！」於是，他挺起胸膛神情傲然地回答，「One Target, One Torpedo（一個目標只擊發一個魚雷就已足夠）」。

這個故事暫且擱下，我們再回到魚雷。雖然現在也有直進模式的魚雷，但基本上都還是自導魚雷（自動引導式）。就是藉由追擊聲音來源，可吸收某種程度的目標運動分析誤差，而且目標改變航線而脫逃的可能性也會降低。

只是追蹤聲音的行動，還是會分成魚雷追蹤頂部聲納發出聲

「維吉尼亞」級核子動力攻擊潛艦發射魚雷的示意圖。
圖像：美國海軍

音後的回音的**主動式**，以及追蹤目標發出聲音的**被動式**。因為這兩種方式各有優缺點，所以可因應戰況而選擇適合的方式。

此外，最近還有一種稱為「**線導魚雷**」的自導魚雷。雖然具有自導功能，但因為不是能力有限的舊型魚雷，可攜帶遠比一般魚雷豐富的資訊量，而且還能隨時從艦長以下工作人員判斷各種情況的潛艦當中傳送資訊與命令，所以能夠期待這種魚雷具有更高的命中率，並且更有效增加潛艦採用戰術的選擇性。

7-8 飛彈
～相較於魚雷，飛彈能夠攻擊更遠的目標

　　以現代潛艦的攻擊武器來說，魚雷與飛彈所佔地位日益重要。以反潛飛彈為例，這裡就能列舉出美國的AGM-84魚叉反潛飛彈（Harpoon）、法國的飛魚式反潛飛彈（Exocet）、俄羅斯（舊蘇聯）SS-N-19花崗石巡弋飛彈與SS-N-26球果反潛飛彈等各種飛彈。

從潛艦發射飛彈的示意圖

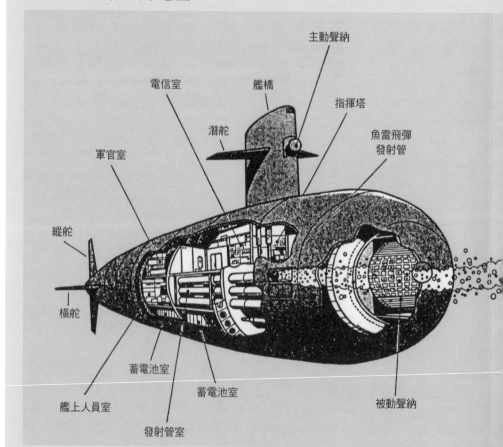

主動聲納

電信室　　　　艦橋

指揮塔

潛舵

魚雷飛彈
發射管

軍官室

縱舵

橫舵

蓄電池室

蓄電池室

被動聲納

艦上人員室

發射管室

　　在這當中，據說SS-N-19花崗石巡弋飛彈的射程可達700公里，是美國AGM-84魚叉反潛飛彈等的五倍以上，雖然具有能夠攻擊遙遠目標的優點，但要如何將飛彈引導這麼長的距離卻是個問題，所以也被稱為「最後的長射程反潛飛彈」。日本海上自衛隊也採用的AGM-84魚叉反潛飛彈射程約為120公里，而飛魚式反潛飛彈的射程較短，大約是50公里。不過，相較於魚雷的射程，飛彈能夠攻擊更遠目標的優點是毋庸置疑的。

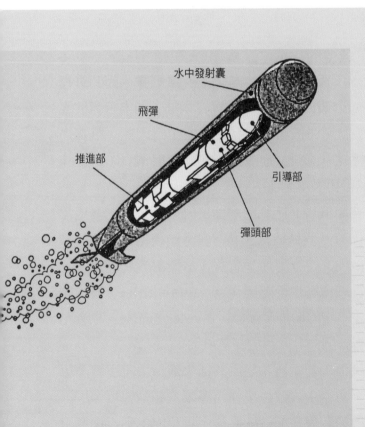

AGM-84魚叉反潛飛彈被收納在水中發射囊，並由潛艦的魚雷發射管擊發。
圖像協力：日本海上自衛隊

不過，一旦目標距離變得如此遙遠，潛艦本身要發現目標並進行目標運動分析會變得非常辛苦。因此，這類情況會藉由其他感應器，例如偵察機及偵察衛星來發現及追蹤目標，再經由潛艦部隊指揮部將資料傳送至潛艦，並進行資料分析，然後潛艦就能朝設定的命中地點發射飛彈了。

　　或許大家也可以將這個情況當作是第二次世界大戰中，德國潛艦部隊為了展開狼群作戰，而將各別潛艦發現的報告先行傳送給鄧尼茲司令指揮部，然後指揮部再將資訊與情報分送給附近的潛艦而促其轉往目標的現代版吧！

AGM-84魚叉反潛飛彈的構造

　　日本海上自衛隊所使用的AGM-84魚叉反潛飛彈，因為直徑只有343公釐，對533公釐的發射管來說實在太細，加上飛彈展翼後達到914公釐，所以無法被收納在發射管當中。因此，飛彈之後即被設計為折疊式，並收進533公釐的發射囊（Launch Capsules）裡頭，然後再裝填到發射管。

　　為了讓發射囊在擊發後必定朝向水面上升，所以發射囊尾端會裝設上「舵」。還有一個構造是在發射囊鼻頭與尾端部位都裝設名為導火管（squib）的小型炸藥裝置。當發射囊到達水面且水壓為零時，導火管就會點燃而炸開鼻錐（nose cone）與尾端等部位。同時，飛彈本身的助推發動機（Booster Engine）也會點燃而開始飛翔，接著打開共計八片的彈翼。

　　目前，因有些反潛飛彈不再希望由外部來進行中段引導（應該說是難以作到），所以中段改以慣性引導讓飛彈飛往目標。等進入最後階段，則啟動裝設在前端的雷達，再藉由主動雷達導引而命中目標。

　　也可以用「飛彈張開眼睛」的說法來形容。

　　至於飛行模式，則是發射後第一時間先取得一定高度，隨即開始下降而緊沿著水面飛行。這種方式被稱之為「掠海（Sea skimming）」，也是避免敵人發現的方法之一。另外，當飛彈「張開眼睛」發現敵人之後，則會「躍起攻擊（Pop-Up）」再次飛高，然後頭部朝下攻擊目標。

由潛艦射發的AGM-84魚叉反潛飛彈。左上方拍到的是收納飛彈用的發射囊鼻錐。飛彈是藉由點燃導火管而將飛彈發射出去。
照片：美國海軍

水雷
～能夠進行隱密且高精度的鋪設

在實際戰爭中真正使用水雷，應該是從日俄戰爭開始。日本海軍藉由鋪設水雷而擊沈了太平洋艦隊的旗艦——「彼得羅巴甫洛夫斯克（Petropavlovsk）」號戰艦，而俄國名將——馬卡羅夫司令（譯註：Степáн Òсипович Макáров，西元1849年～1904年。俄羅斯帝國著名將領。）後於日俄戰爭中戰死。另一方面，日本海軍同樣也因為俄軍佈下水雷而在一天之內損失了「八島」與「初瀨」兩艘重要戰艦。

在敵人不知道的情況下進行水雷的布設，只要沒有發生船舶被水雷爆擊的情況，要發現水雷是很困難的，而且從上述日俄戰爭事例也能知道，水雷能夠帶來極大的戰果。除此之外，包括在韓戰時期，北韓也同樣藉由鋪設水雷而限制了擁有壓倒性優勢的美國海軍行動。只要考慮到水雷的強大威力，任誰都會想要將水雷與具隱密行動優點的潛艦互相搭配組合。

在第一次世界大戰中，德國打造用來布設水雷的了UE-1型與UE-2型布雷級潛艦、英國建造的「海豚級（HMS Grampus）」布雷潛艦，以及法國海軍的藍寶石級（Saphir）布雷潛艦、義大利海軍的「海豹」級布雷潛艦（Foca-class submarine）、波蘭海軍的「野狼（Wilk，波蘭語）」布雷潛艦，這些潛艦的出現都是被特別設定用來進行布雷的任務。

日本海軍在參考德國的技術後，也打造出三艘伊121布雷潛艦。這些潛艦都各自裝有鋪設筒，可進行水雷的布設，但隨著可由發射管鋪設的水雷種類陸續開發出來後，就逐漸喪失重要性了。

在第二次世界大戰，德國的U型潛艇從哈利法克斯（Halifax）至密西西比河口間的廣泛區域裡都佈下水雷。

波斯灣戰爭後的波斯灣，進行水雷清理工作的日本海上自衛隊水中清除隊隊員。出現在右邊的是置入炸藥的水雷殼體部分。左邊突出部位一旦感應到碰觸的動作就會點燃爆炸。
照片協力：日本海上自衛隊

水雷的威力。日本海上自衛隊的水雷實際處理演練的景象。請以最前方拍攝到的人物來想像巨大水柱的高度。右前方是「菅島」級掃雷艦的一號艦——「菅島號（JS Sugashima, MSC-681）」。其基準排水量為510噸，全長為9.4公尺。
照片協力：日本海上自衛隊

並於當中幾個港口發生觸雷事件，導致港口被封鎖，約經過（合計）四十天後，才正式確認安全。

現在，布設水雷也是潛艦的任務之一。對於在敵軍勢力範圍下仍可行動的潛艦，中國海軍的看法是：

「在敵人擁有海上優勢的海域，以及敵軍的重要海域與港灣等區域鋪設水雷，即可有效破壞敵軍的海上通路，或是持續造成強烈威脅。」

似乎也是非常重視利用潛艦鋪設水雷。美國海軍在《中國水雷戰——人民解放軍海軍的「暗殺者的棍棒能力」》這本書中，即表現了對於上述中國海軍的警戒心。

藉由潛艦進行水雷鋪設，最重要的關鍵還是能夠祕密進行、鋪設位置精度良好、有機會以少數水雷創造巨大戰果等。

根據《詹氏戰艦年鑑（Jane's Fighting Ships）》等資料顯示，潛艦的水雷搭載能力大多為「一枚魚雷或兩個水雷可互相交替」。不過，對於潛艦來說，還是有必要保留遭遇敵軍時用來反擊的魚雷。

鋪設水雷時，是在作戰計畫所擬定海域，依循一定程序，並間隔特定距離進行布雷。至於水雷的發射，基本上都是所謂的「水壓發射」。

另外，在潛艦至今仍較無涉及的水雷對戰方面，美國海軍目前已利用UUV（Unmanned Underwater Vehicle，水下無人載具）來進行潛艦水雷對戰的相關研究。

美國海軍布設於神戶港外海水雷的爆破處理。
照片協力：日本海上自衛隊

7-10 火災、進水時的處理應對
～隨時都有可能發生災害

　　潛艦並非只與敵人作戰，其他的戰役包括和海洋等大自然作戰、水中行動時與水壓作戰，以及機器故障時的因應處置等，潛艦隨時都要採用各式各樣生存的方法。因此，油壓系統與電力系統至少一定要準備主系統與備用系統兩種，希望萬一發生緊急情況，艦上人員與潛艦都能平安返航。

　　在這裡，我們將針對潛艦上發生機率很低，但若真的發生就可能引發嚴重後果的**火災**與**進水**等災難相關對應提出說明。

防火

　　火災當中，有燃燒一般可燃物的**一般火災**（A火災）、**油類火災**（oil fire，B火災），以及**電器火災**（electric fire，C火災）等三大種類。

　　潛艦當中裝有書籍、文件之類的紙張、艦上人員衣物等可燃物。船艦底部還有飽含油脂且被稱為「艙底污水」的污濁積水。在廚房調理油炸食物時，也會使用大量油脂。另外，潛艦內部亦搭載了數百個電池，並沿著艙壁拉設能夠流動大電流的電線。甚至除了主發電機與電動馬達之外，還裝設了配電盤與各種電器、電子機器緊迫地擠在一起。

　　因此，潛艦內部其實**隨時都存在發生A火災、B火災之類火災的危險性**。

　　西元1962年，舊蘇聯的「F級潛艦（Foxtrot-class Submarine B-37）」因火災而沉沒、而中國的「漢」級潛艦也在西元2005年被目擊因火災導致無法行動而被拖行的景象。至於日本，也曾於西元1967年發生潛艦內部電氣火災的事故。

　　因此，停泊中的潛艦每一小時會由艦內值勤人員進行一次包

使用油桶進行的防火訓練。
照片協力：日本海上自衛隊

穿戴OBA裝置（氧氣循環呼吸器）進行防火訓練。照片為美國海軍「普茲茅斯號（USS Portsmouth, SSN-707）」核能動力潛艦的副艦長。
照片：美國海軍

含其他安全確認在內的巡視檢查。若是在航行期間，則由各艙區的值勤人員進行定期檢查。不過，一旦發生火災，仍必須自行進行滅火工作。

所以，日本海上自衛隊除了潛艦之外，包括水面船舶也都要實施各式各樣的**防火訓練**。

「能夠滅火」的自信

防火訓練的第一道關卡，就是面對真正的烈火而將其滅熄的訓練。如果是油類火災，則是要事前理解「絕對不可以澆水」。

不過，日本海上自衛隊則是在管子方面更加用心，讓水管能夠產生高速或是低速的水霧，然後再用來滅熄油類火災。火要持續燃燒的條件，需要可燃物、氧氣與熱度。水霧因為可以遮斷氧氣，取走熱度，所以能夠滅火。當然，一般民眾並無法獲得這種水霧，所以請大家不要跟著模仿。

油類火災的滅火訓練，可分為**使用油桶或是爐筒等圓形金屬筒的訓練**，以及在**模擬機械室當中的滅火訓練**。

爐筒的訓練，是讓油留在爐子上。即使點火也不會充分燃燒，然後再用兩隻管子來進攻火災，並將其滅火的訓練。

模擬機械室則是在仿造機械室的房間內鋪設格狀踏板（grating，將鋼材與鋁材製成格板）與金屬板的通道，並在下方模擬積存艙底污水及廢油（實際上若是在潛艦內部積累這類污水的話，艦上相關人員可是會受到嚴重責怪的。）。接著將其點燃，開始進行火勢猛烈機械室進入要領、團隊合作要領、穿過格狀踏板與金屬板下方滅火要領等項目的訓練工作。

實際上，在潛艦內部是不能用火的，所以一般都是由擔任教育訓練相關軍官的副艦長與輔佐協助船員設定火災發生與其後狀況，再進行相關訓練。

防火訓練裝置（模擬機械室）。
照片：美國海軍

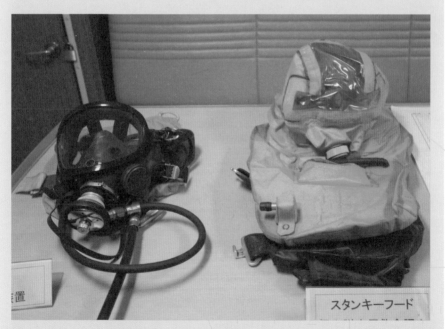

照片左側為EAB（應急呼吸裝置）的面具。在潛艦各艙區中，都會裝設一鍵式即可連接EAB
的多歧管。　　　　　　　　　　　　　　　　　　　　　拍攝協力：日本海上自衛隊吳地方總監部

前面所提到的，潛艦內部因裝設了許多包含蓄電池在內的電子、電器相關機器，所以不能輕易使用海水滅火。所以要先使用滅火器盡力解除火災。

什麼是最後手段的「密閉滅火」？

但如果遇到始終無法控制火勢的情況，就要改用所謂「密閉滅火」的方法。將潛艦各防水艙區中相關閥門與水密門關起後，就能讓該區成為完全氣密的狀態，所以發生火災的艙區就會很快耗盡氧氣，火勢自然很快就熄滅了。

當改採密閉滅火時，特別需要留意的就是務必確認艙區當中是否仍有船員留置。每一張床舖都要逐個親手檢查，看看是否「艦上船員仍留在原處」，或是「有沒有人倒臥床舖」等。接著，關上並緊閉水密門與艙區隔間閥門，讓引發火災的艙區保持密閉狀態，然後將艙區暫且擱置，等到艙區內部氧氣消耗完畢後就能撲滅火勢了。

接下來，應該要進行滅火後的處理，但還是必須慎重以對。首先，要使用檢測器檢查密閉滅火的艙區內是否仍有爆炸性的氣體，而且從哪個地方採樣檢測也是非常重要的問題。

一旦判斷已無爆炸性氣體時，就要進行排出濃煙的程序。為了不讓濃煙擴散至潛艦內部，可以考慮空氣流動方向後利用主機或是排氣扇等工具排煙，也就是選擇發生狀況當時最適合的方法，將火災濃煙排至艦外。

將濃煙排出之後，打開必要的水密門，再由穿戴著OBA（Oxygen Breathing Apparatus，氧氣循環呼吸器）與EAB（Emergency Air Breathing system，應急呼吸裝置）等裝置的緊急狀況應對組員進入現場，確認現場的氧氣濃度以及是否仍有毒性氣體存在。

　如果確定現場氧氣足夠，且無有毒氣體，緊急狀況應對組員就能進入清理灰燼積塵。要特別注意的是，進行清理工作時，務必確認灰燼積塵中有無火種。萬一仍留有火種而導致再次起火的話，可就糟糕了。所以在確認已無火種後，就能因「已無火災復燃之虞」結束對於火災的初步對應處理，之後再進行火場的清掃整理。

防水

　以艦艇來說，最令人緊張的事故之一就是「**進水**」。在水中行動而改變深度的潛艦，因為會受到水壓影響，所以必須特別留心注意。有許多原因都會造成進水，像是因衝撞導致船體產生破洞，或是因爆雷攻擊（電影常常可以看到的場景）衝撞造成海水管接頭鬆脫，以及腐蝕導致海水管破孔等。

　防水就是要去除造成船艦進水的原因，而且潛艦採用了各式各樣的防水對策。

　舉例來說，對於鐵板內側上捲的破洞，會使用附有橡膠墊片的**箱型補丁**。這種箱型補丁在兩側邊有圓洞，將其蓋上進水處，再以木材從後方固定即可。

　在這個進水階段，會從兩側的圓洞滲水，所以只要將木栓打進這個孔洞，就能阻止船艦持續進水了。

　艦上船員都是在訓練台先學習各自的技能方法，之後編成一個團隊，再進行綜合性訓練。所謂的訓練場是一個**模擬潛艦內部某個艙區的設施**，而且隔板上還鑿設了各式各樣的破洞，並延伸著許多的管路系統。這些管道也到處都是破洞，且接縫處同樣都有脫落情況。另外，也會設置訓練時不能緊閉的閥門。

　首先，都只有一位艙區值勤人員會在訓練場地內陪同進行。訓練開始後，就會到處噴出海水，值勤人員會立即報告已經進

水。緊急狀況應對組員接收到報告後就會進入訓練場。指揮官這時會先下達命令，要求將所有能夠關閉的閥門關上，以降低進水的水量。如果這時必須關閉之處出現遺漏情況時，就會持續進水，甚至有時必須潛入水中進行作業。之後，緊急狀況應對組員即須啟動各種因應進水點的防水技法，以阻止進水情況持續發生。

等好不容易阻止持續進水，想要休息喘口氣時，教官還會故意刁難下達「**急速深度改變**」指令，並且升高已經過應急修理之處的水壓。處理不好的地方就會再次出現噴水情況，所以就必須重新再次處置。潛艦的工作人員就是這樣提昇處理技巧與能力。

實際上，和發生火災一樣，潛艦是不能泡到海水的，所以訓練的重點就要放在團隊合作要領、通訊要領等方面。

如果潛艦因某些其他理由而讓蓄電池浸泡到海水導致氯氣產生時，就一定要加以處理。將遭遇問題的蓄電池分開，抑制氯氣產生的程度，再藉由換氣而將氯氣排出艦外。

正在潛艦教育訓練隊防水訓練場進行訓練的學生們。
照片協力：日本海上自衛隊

正在進行防水訓練的美國海軍潛艦船員。
照片：美國海軍

7-11 無氣浮上
～藉由地球引力而從MBT排水

　　前面已經提到，潛艦浮出水面時會使用高壓空氣來吹除MBT。不過，高壓空氣系統當然還是有可能發生故障的情形。一旦MBT無法吹除，潛艦就無法浮出水面而造成許多問題。

　　當面臨MBT無法吹除的緊急情況，或是希望節省高壓空氣用量時，使用浮出水面方法就是無氣浮上，而無氣浮上利用的就是地球的引力。

　　首先，和平常一樣進行浮出水面的準備，但不用舉升進氣筒。接著，打開前半部MBT的通氣閥，然後提高潛艦速度，等速度計顯示出指示的速度，並且接受到「浮出水面」的命令後，就將潛舵、橫舵全力向上操舵而浮出水面。

經過這些程序後，前半部分的通氣閥就會浮出水面，但此時MBT內的海水會因為地球引力而沈落，取而代之的是MBT內充滿空氣。等能夠判斷已取得最大程度的空氣後（此時要精準判斷是非常困難的），就將前半部的閥門關上。

潛艦的艦首雖然也因地球引力而被下拉要重新沉入海中，但因為前半部的MBT已經充滿空氣，所以可以保持大半浮在水面的狀態。接著將橫舵向下操舵至最大限度，艦尾側就會隨之掀起，然後將進氣筒的海水排出艦外以確保進氣通道通暢，並啟動柴油引擎進行低壓排水後就會浮出水面了。

不過，因為日本海上自衛隊自「春潮」級潛艦之後卸除了低壓排水系統，加上潛艦構造等各種因素，所以目前已不再進行無氣浮上的操作了。

正在進行浮出水面訓練的美國海軍「哥倫布」號（USS Columbus, SSN-762）核能動力潛艦。

照片：美國海軍

迴避
～與反潛巡邏機互相欺騙

潛艦的最大武器就在於「隱密性」。當潛艦進行攻擊行動而暴露自己本身存在，以及被敵人發現蹤跡時，應該就是「三十六計，走為上策」了。

那麼，潛艦又要怎樣脫逃呢？因為這不但會把潛艦的底牌給曝光，而且也和對方的戰術有著極為密切的關係，所以很難清楚說明。不過，原則上還是要考慮「如何恢復潛艦最大武器的隱密性」。所以這也與接近敵人時，「要如何不讓敵人發現蹤跡」有著許多共通點。

首先，最重要的就是利用大自然的條件。不知讀者們是否曾在潛艦相關電影中看過以下場景，潛艦往大海深處逃去，一般都是要盡量遠離被敵人發現潛艦蹤跡之處（datum）。

前面說過，在水中找出潛艦的方法正是利用聲音的特性。另外，聲音也有在水中折射而無法傳遞出去的區域。只要潛入這個區域，就不會被敵人的聲納發現，但因為敵人也擁有能夠改變深度的聲納系統，所以無法斷言這樣的方式就是絕對安全的。

因此，為了擾亂敵人的搜索，也發展出置放假目標（false target）的方式。特別是相對於主動聲納來說，自然界裡就有許多假目標存在。舉例來說，在西元1982年的福克蘭戰爭中，阿根廷放入許多棲息於該海域的小蝦子，讓聲納探查之後以為就是潛艦。據說英國海軍因為這樣而浪費了許多反潛飛彈。這種假目標是從潛艦側邊設置的。

不過，因為這些假目標原則上不會產生什麼速度，所以敵人的主動聲納上會顯示「沒有都普勒效應」，當然偽欺效果可能也是很低的。大家應該都有在路上碰到救護車時，原本朝著自己方向而來的鳴笛聲音很高，但從側邊通過卻感覺聲音很快變成低

音，這就是所謂「都普勒效應（Doppler effect）」。對於使用主動聲納進行搜索的敵人來說，這種都普勒效應的有無是用來判斷探查目標是否即為潛艦的重要依據。因此，有時也會發射擁有都普勒效果的自導式假目標。

與反潛巡邏機之間的爾虞我詐

現在，請大家想像一下自己正乘坐著行動中的潛艦。ESM（電子支援設備）正在尋找反潛巡邏機的雷達波，潛艦維持通氣管狀態。此時ESM的感應突然升高，空中雲間也出現巡邏機的蹤跡，而且還筆直地朝向本艦而來。

潛艦雖然會取消通氣管狀態，並反身朝往大海深處潛去，但「咚」地爆炸聲卻在水中響起有如在後追趕。反潛巡邏機會將潛艦被認定的最後所在之處當作中心而繞出圓形，並且鋪設附有可聽辨聲音麥克風的浮標。並在這種浮標附近投擲發音彈（sonorific bullet），再利用爆炸聲音與潛艦反射聲音之間的到達時間差來掌握潛艦的動態。

潛艦確定反潛巡邏機的搜索圓後，就會採取行動，除了避免被敵人發現逃脫方向，也會盡快逃離至此圓形範圍之外。

另一方面，追蹤潛艦的反潛巡邏機在找出其航線與速度，並且判斷「可以攻擊」時，飛行模式就會從原本的圓形變成有如賽馬場跑道般的長橢圓形。接著會在通過潛艦上方時利用MAD進行探測並獲得結果，並在確認與潛艦之間情況的同時即投下魚雷。

如果是潛艦的話，則是在聽不到幾乎固定間隔傳來的發音彈聲音後，就會判斷「巡邏機已經進入攻擊狀態」，並大幅改變航線以消弭對方攻擊機會。無法獲得MAD探測結果的巡邏機就會恢復至原本的搜索模式，而潛艦也就藉著虛虛實實的欺敵手段，開始進行迴避行動。

美國海軍所採用的洛克希德（Lockheed Corporation，現已和馬丁‧馬瑞塔公司合併成為洛克希德‧馬丁公司。）反潛巡邏機 P-2H（P2V-7）。目前仍同樣採用洛克希德的 P-3C 後繼機種。
照片：美國海軍

反潛巡邏機所進行的潛艦追蹤示意圖

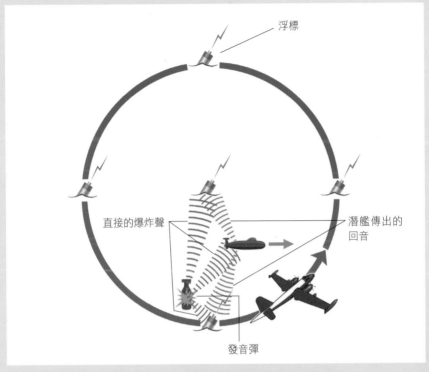

浮標

直接的爆炸聲

潛艦傳出的回音

發音彈

潛艦必須在巡邏機未發現的狀況下，由巡邏機鋪設浮標的搜索圓脫出逃離。

藉由反潛巡邏機進行的潛艦攻擊示意圖

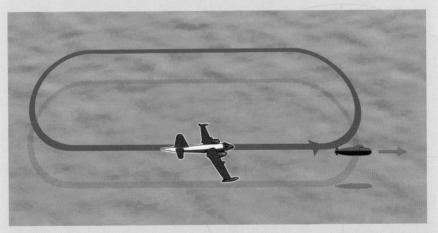

當反艦巡邏機判斷「可以攻擊」時，飛行模式就會從原本的圓形改為有如賽馬場跑道一般的長橢圓形。

第8章 潛艦的救難

如果闡明潛艦的歷史，就會發現其中的巨大悲劇。
在本章中，我們將從潛艦的救難歷史開始至現代，針對潛艦萬一沉沒時，如何援救艦上人員，以及船員們如何自潛艦中脫身等項目加以解說。

日本海上自衛隊的「千早號」潛艇救難艦（二代）。除了深潛救生艇外，還有「千代田」號潛艇救難母艦亦未配置的遙控水下載具（Remotely operated vehicle，ROV）。

照片：日本海上自衛隊

8-1 潛艦救難前史
～要如何從沉沒的潛艦成功救援？

　　日本的首次潛艦沉沒事故是發生在西元1910年4月的「六號潛水艇事故」。前面曾經提到，日本海軍在日俄戰爭中向波蘭購入了五艘潛艇，而六號潛水艇就是以這五艘潛艇為基礎所打造的日本首艘潛水艇。這艘「六號潛水艇」是在山口縣岩國外海進行汽油潛航訓練時所沉沒的。潛水艇雖然在隔天（亦有後天一說）被打撈上來，但包括艦長佐久間勉大尉在內的十四名船員均已罹難，全數都在此事故中殉職。

　　西元1924年4月，第四十三號潛艦在長崎縣佐世保外海與「龍田號」輕巡洋艦互撞，最後沉入大海。雖然在事故發生七個小時後就設定好與救助隊之間的通訊，但之後即使維持了十三個小時的通訊，還是因為海象影響導致救援活動無法有所進展，最後潛艦船員仍是全數罹難。

　　在第二次世界大戰以前，日本總計有十二艘潛艦沉沒，而且幾乎都是發生在較水深100公尺處更淺的海域。其中有九艘獲得營救。西元1939年2月2日，豐後水道發生了伊號第六十三潛艦的沉沒事故，並從水深90公尺處救援成功，成為了當時的世界紀錄。不過，當中還是有81位船員不幸殉職。至於英國海軍，也共有二十七艘潛艦沉沒，也幾乎都是在不及水深100公尺的淺處海域，但救難與脫逃的成果仍舊不佳。美國海軍同樣也是折損了十六艘潛艦。

　　之所以會有這樣眾多的犧牲情況，其中一個原因在於援救存活的艦上人員時，並沒有專門用來搶救的方法，所以**救援時耗費大量時間**，來不及成功搶救原本生存的艦上人員。

　　為了打破改變這種狀況，此時登場的就是**救生艙**（Rescue Chamber，亦稱救生鐘）了。西元1925年，美國海軍發生了S-51

潛艦（USS S-51，SS-162）的沉沒事故，當時雖然有生還者，但仍舊未能救援成功，最後導致三十三名船員殉職罹難。於是，美國海軍正視了這個「雖然有生還者，但仍舊未能救援成功」的狀況，進而發展出「潛艦救難」的構想。

　　其中扮演重要角色的就是當時擔任上尉職務的查爾斯‧莫姆森（譯註：Charles Momsen，西元1896年～1967年，美國著名海軍將領，在救援方面功勳卓著。美國的莫姆森驅逐艦即是因其命

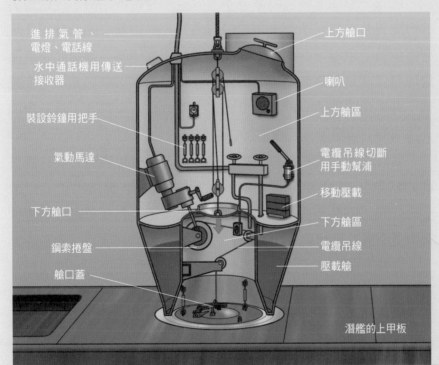

救生艙的構造示意圖

進排氣管、電燈、電話線

水中通話機用傳送接收器

裝設鈴鐘用把手

氣動馬達

下方艙口

鋼索捲盤

艙口蓋

上方艙口

喇叭

上方艙區

電纜吊線切斷用手動幫浦

移動壓載

下方艙區

電纜吊線

壓載艙

潛艦的上甲板

裝設鈴鐘用把手是螺絲扣的一種。用來固定潛艦所配置的救生艙。共有四隻，至少用在三個地方。電纜吊線切斷用手動幫浦是當緊急情況操作把手時，可產生油壓，而切削工具就能藉此油壓而如同截斷器一樣切斷電纜吊線，救生艙就會浮出水面了。至於移動壓載，則是與被救出的艦上人員交換置於潛艦內部的平衡重物。

參考：日本海上自衛隊資料

名。）他開發了救生艙這個裝置，並在西元1939年，於普茲茅斯外海進水且沉入水深達71公尺海底的「角鯊號（SS-192）」潛艇中成功救出二十三名船員。

救生艙的形狀有如「寺廟的吊鐘」。潛艦在緊鄰兼為逃脫艙筒（escape trunk）的艙口處設置了名為「指示浮標（messenger buoy）」的浮標。一般都會形成上甲板的一部分，但其內側則附有塗成國際橘（International Orange）的圓筒型浮標。遇到緊急狀況時，可從潛艦內部操作切開，浮標就會迅速倒過來且圓筒狀的浮標還會朝上而上升至海面。

這時，形成上甲板的部分中心處還裝有電纜吊線，而電纜吊線會穿過裝在逃脫艙筒上方艙口且名為「艙口蓋」的金屬組件，到達位於上甲板下方的鋼索捲盤。浮標上升同時，就會將電纜吊線伸長拉直，再藉著艙口蓋而通過逃脫艙筒上方艙口的中心而繼續上升。圓筒型的浮標還裝上寫有「下方有潛艦沉沒，請發現的人通知海上自衛隊或是警察。」的板子。

當搭載救生艙的潛艇救難艦來到指示浮標位置時，要先將搭載的四個船錨投入海中，並進行所謂的四點繫泊（4 point mooring）的船隻固定作業。其用意是為了避免救難艦在救援作業中受到風力與潮流干擾影響。

之後，拉起指示浮標，並從浮標處將潛艦伸出的電纜吊線解開，捲回位於救生艙下邊的鋼索捲盤。

救生艙會一邊捲起這種電纜吊線，一邊慢慢下降至潛艦逃脫艙筒的上方。

到達潛艦甲板後，救生艙會將筒部海水予以排除，並壓接在潛艦上，接著打開下方艙口，開啟潛艦逃脫艙筒艙口而救出艦上的船員。救生艙上升時，只留下救出人數份量的移動壓載在潛艦之中。

「千早號」潛艇救難艦（初代），即搭載了救生艙。雖然也設置了減壓室，但還是無法避免潛水夫病（Caisson disease）的風險。

照片協力：日本海上自衛隊

藉由救生艙進行潛艦救援的示意圖

從已經四點繫泊的潛艇救難艦降下救生艙至事故潛艦逃脫艙筒處。

參考：日本海上自衛隊資料

這裡要順便說明的是，日本海上自衛隊因為沒有使用救生艙，所以潛艦上也沒有指示浮標等裝備。另外，救生艙的形狀也會因為國家不同而有所差異。

救生艙的界限

　　許多國家的海軍都會採用救生艙，且運用此項裝置也已好幾十年了，但救生艙的功能仍是有所限制。像是容易受到潮汐洋流影響，且潛艦傾倒時就無法順利落定在甲板上等。

　　其中最大的問題就是救出的潛艦船員一旦置身大氣壓之後就無法再進入減壓室（decompression chamber）。這也意味著這些被救出來的船員會有罹患潛水夫病的危險。

　　此外，利用救生艙進行救援的深度也會因為指示浮標的鋼纜長度而有所限制。加上救生艙是利用救生纜線及救難艦側邊伸出的纜線來進行控制，所以容易受到周遭環境影響。如果有強烈洋流，或是潛艦傾倒之類狀況，就無法使用救生艙了。

四點繫泊中的潛艇救難艦——「伏見號（JDS Fushimi, ASR-402）」。
照片協力：日本海上自衛隊

正在進行準備作業的救生艙。
照片：美國海軍

在潛艦救難訓練當中從救生艙被救出的潛艦船員。
照片協力：日本海上自衛隊

DSRV
～即使是大海深處，也能救出潛艦船員

為了克服救生艙缺點而開發出來的就是深潛救生艇（Deep Submergence Rescue Vehicle，**DSRV**）。這個裝置的開發契機是美國「長尾鯊號」核能動力潛艦（USS Thresher, SSN-593）於西元1963年4月所發生的沉沒事故。

當時，這艘潛艦沉沒在美國新英格蘭外海水深約2560公尺處。在這場事故之後，美國海軍便開始著手開發潛艦救難的深海潛水系統，並於西元1971年完成了**DSRV-1**。

至於日本的海上自衛隊，則是從1975年將「千尋」號救難實驗艇納入技術研究本部後，即開啟了通往深海救難系統的大門，

在技術研究本部獲得各種研究成果後，搭載一具DSRV的「千代田」號潛艦救難母艦（JS Chiyoda, AS-405）於西元1985年正式服役，並被配置在橫須賀港。接著在西元2000年，「千早號」潛艦救難艦也加入服役，並配置在吳港。藉由這些救難艦，日本海上自衛隊就能隨時備有一艘潛艦救難（母）艦待命了。

至於DSRV的基本構造，則是由三個球型耐壓殼體彼此相連而構成。前面是駕駛艙，中間是救援室，後面是機房。配備有電池，前方推進器，後方推進器，電視攝像機和機械手臂，這些是外部的動力來源。另外，更有覆蓋船體以及為了與潛艇艙口緊密連接（此處稱之mating）的邊罩。一次可以救12個人。

使用DSRV進行潛艦救難作業

搭載DSRV的潛艦救難（母）艦航行至沉沒潛艦附近後，就會將DSRV放在台子上，由救難（母）艦船體中央的開口部（center well，船井）直接下降至海中。接著由台子送出DSRV並持續下降，逐漸靠近事前已放上訊號發送器作記號的潛艦。

「千代田」號潛艦救難母艦。出現在艦橋後方的白色部分就是DSRV。

照片協力：日本海上自衛隊

置放於「千代田」號潛艦救難母艦上的DSRV。

照片協力：日本海上自衛隊

深潛救生艇（DSRV）的主要項目與構造的概要

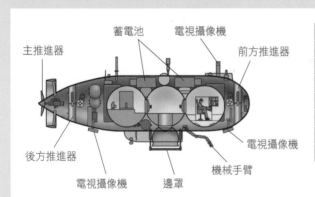

主推進器　蓄電池　電視攝像機　前方推進器

後方推進器　電視攝像機　邊罩　機械手臂　電視攝像機

全長	12.4公尺
高	5.5公尺
寬	3.3公尺
排水量	40噸
水中速度	4節
續航時間	5小時
操作者	2名
收容人數	12名

參考：日本海上自衛隊資料

DSRV的操縱室（左）與救難室（右）。

照片協力：日本海上自衛隊

確認潛艦位置後，DSRV會在必要時使用機器手臂來去除障礙物，並壓定密合在預定逃脫用艙口之上。等壓定密合完成後，排除邊罩內的海水，再打開潛艦及DSRV的艙口，就能將潛艦船員們給救進來了。

　　收容潛艦船員的DSRV隨即上升，進入救難（母）艦放下的台子之上，隨著台子一起進入救難（母）艦當中。

　　當潛艦內部壓力升高時，可將DSRV直接壓定密合裝設在救難（母）艦上的減壓室，讓被救出的潛艦船員們不要暴露在大氣壓力之下，然後移動減壓室，就能在減壓室直接進行降壓處置。

　　如同其名稱所顯示，DSRV最大的優點就是能夠在深海進行救援應對處置。雖然不是任何地方的深海都沒問題，但至少DSRV能夠安全潛至水深為潛艦會被水壓壓壞之處以上的深度。根據美國的資料，美國的DSRV可潛航至「水深1524公尺」處。另外，日本也使用救難（母）艦作為DSRV的運送平台。不過，在全世界展開潛艦隊伍的美國海軍，則是讓DSRV與支援機材能夠配套後由空運處理，等運送到靠近救難現場的機場後，再由附近港口待命的核能動力潛艦作為母船搭載後前往事故現場進行救援行動。

使用DSRV進行潛艦救難作業的流程

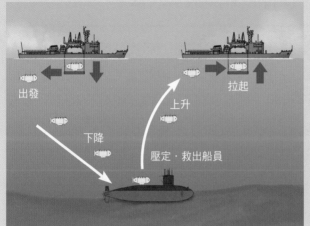

參考：日本海上自衛隊資料

出發

下降

上升

拉起

壓定・救出船員

俄羅斯的安托諾夫An-124運輸機所搭載的美國海軍DSRV。
照片：美國海軍

洛杉磯級核能動力潛艦——「拉霍亞號（USS La Jolla, SSN-701）」上搭載的DSRV。照片為陪同運送至佐世保港日本海上保安廳「CL-133」巡視艇的情景。
照片：美國海軍

8-3 飽和潛水與人員轉移艙
～能夠進行長時間的潛水作業

　　潛艦的救難作業還有一個重要技術，那就是所謂的「飽和潛水（saturation diving）」。雖然講得較理論些，不過還是要針對飽和潛水進行相關說明。空氣當中大約有八成為「氮」。當我們潛水時，水壓會隨著深度的增加而逐漸上升，而這種棘手的氮就會隨著深度而溶解在身體組織當中。如果身體在這種狀態下急速浮出水面且壓力立刻降低，溶解在身體中的氮就會在體內氣泡化，導致血栓或是關節疼痛、噁心、麻痺等各式各樣的症狀。

　　為了避免這種情況，就必須要一邊注意不讓溶解的氮氣變成氣泡，一邊用較長時間緩慢地浮出水面，好讓氮氣排出體外。不過，以潛水作業的效率來看，這並不是一個被期待的好方法。

　　因此，大家便將焦點轉向「氮在體內的溶解量會因深度而有所限制」這樣的性質。水壓上升後，氮在體內雖然會繼續溶解，但並不是無限制的。

　　溶解量到達極限時，稱之為「飽和」，當在某個深度進行潛水作業時，讓潛水員事前進入加壓裝置，使氮含量到達作業預定深度的飽和狀態。將可能進行長時間潛水作業，這就是所謂的飽和潛水。這麼一來，到達事故潛艦地點的潛水員，就能在DSRV援救事故潛艦人員時，協助去除障礙物了。

　　日本海上自衛隊的潛艦救難（母）艦配備有藉由飽和潛水來支援救難行動的人員轉移艙（Personnel Transfer Capsule, PTC）這種裝置。

　　藉由加壓至預定實施救援作業深度所對應的氣壓，使潛水員們到達飽和狀態，然後用PTC將這些潛水員送至作業現場，等作業結束後再送至潛艦救難（母）艦的減壓室。執行飽和潛水的潛水員必須經過幾天的減壓過程。另外，日本海上自衛隊曾在西元

2008年實際於海中成功執行過深達450公尺的飽和潛水。

「千代田」潛艦救難母艦
與前方的PTC、DSRV。
有著橘色骨架的物體就是
PTC。
照片：日本海上自衛隊

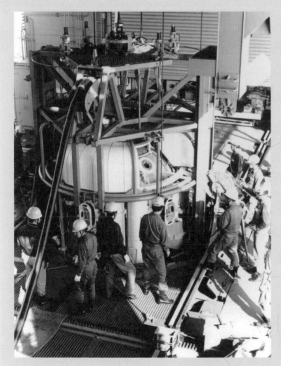

正在進行準備作業的PTC。
照片協力：日本海上自衛隊

8-4 個人逃脫
～分秒必爭之際的救生工具

在潛艦救難方面，至目前為止都是使用前面提到的救生艙或是DSRV，但有時會因為發生事故潛艦的個別狀況，導致毫無等待救援裝置到達的時間。面對這些情況，就要根據艦長或是倖存者的判斷而找出潛艦人員個別逃脫事故潛艦的方法。這就是所謂個人逃脫。

令人意外的是，個人逃脫的歷史極為悠久，而且遠自西元1928年，就藉由前面提到的美國海軍莫姆森上尉所開發的個人逃脫裝具「莫姆森肺（Momsen's lung）」而得以實用化。西元1931年，英國也使用了「戴維斯逃脫裝具（DSEA）」而成功逃離事故潛艦。

個人逃脫包含了自由逃脫法、浮力上升呼氣法、浮力上升呼吸法等。所謂自由逃脫法是藉由人類浮力而持續上升的方法。在這類情況中，為了避免罹患所謂的潛水夫病，必須一直持續吐氣，而且不可以比自己吐出而形成的氣泡更快上升浮出水面，甚至到達水面後也仍須持續吐氣。

至於浮力上升呼吸法，則是執行時要穿著膨脹式救生衣。救生衣上有被稱為「釋壓閥」的氣閥，用來預防水壓較低時出現膨脹、破裂的情況。這類情況也如同名稱的「呼吸法」一樣，必須在上升過程中持續吐氣。

因此，美國海軍的斯坦福中校便開發出名為「斯坦福頭罩（steinke hood）」的嶄新逃脫裝具。

這種救生衣上有個裝了拉鍊與防水膠帶的頭罩，且穿戴此頭罩的洞上還有能夠抑制海水入侵的橡膠邊襟。這與浮力上升呼氣法使用的救生衣一樣，裡面都裝有釋壓閥。在隨著上升而導致水壓下降時，救生衣內的空氣會隨之膨脹，並由此閥門被送至頭罩

穿戴著「莫姆森肺」，並從美國海軍「V-5」逃脫艙筒離開的機組人員。

照片：美國海軍

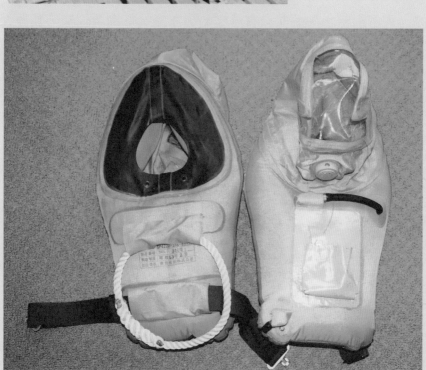

斯坦福頭罩。照片左邊黑色的邊襟部分內側裝有釋壓閥。

照片協力：日本海上自衛隊

之中。如此一來，逃脫的潛艦船員們就能一邊呼吸空氣、一邊逃脫了。

不過，這並不是一般的呼吸法，而是要用力發出三次「喝！喝！喝！」的聲音，之後才自然地吸氣。然後在上升至水面前，都要反覆執行此過程。等到達水面後就能將頭罩解開，而且海面如果海象不佳時，還能直接戴著頭罩來保護自己。

但這種裝具卻有無法對抗低水溫及氮醉（Nitrogen narcosis）的問題，所以日本海上自衛隊便引進了SEIE（Submarine Escape and Immersion Equipment，脫險抗浸服）MK-10這種全身型的逃脫裝具，以及其後繼裝具MK-11。

潛艦的船員們必須定期接受個人逃脫的訓練。因此，位於廣島縣江田島市的日本海上自衛隊第一術科學校便設置了訓練水槽。這個訓練水槽並非只有潛艦船員才能進行逃脫訓練，其他像

使用斯坦福頭罩進行
逃脫訓練的景象。
照片協力：日本海上自衛隊

是潛水員的訓練、航空部隊的垂降救助訓練等課程也都能在此進行。

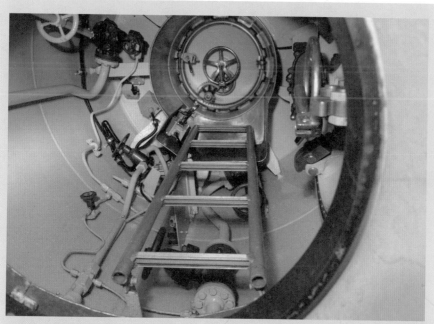

「夕潮」級潛艦的逃脫艙筒內部。每次能夠容納四名潛艦船員進入其中，將頭伸至上方艙口周圍被稱為「skirt」的銀色部分與牆壁之間，然後將照片中敞開的下方艙口關上，打開閥門後讓海水注入逃脫艙筒內。此時的水位要比skirt下邊更高一些。這麼一來，筒內的潛艦人員就能持續呼吸到最後。接著，將筒內加壓至潛艦目前所在深度的壓力數值，筒外的水壓與筒內的水壓就會保持一致，上方艙口就能打開了。此時最重要的就是滯留時間，而停留於此的時間會受到水深限制。水深愈深、時間愈短，而且必須盡量將筒內加壓。如果使用斯坦福頭罩之類的裝具，輸送空氣使其膨脹，一個一個分別鑽過「skirt」部分脫離逃生。最後逃脫的人使用鎚子之類工具將「最後一人也已逃脫」的訊息傳送至潛艦內部。艦內則是在確認過「最後一人也已離開逃脫艙筒」的信號後，再於其他時間從艦內將逃脫筒上方艙口關上，讓當中的海水排除。接著，另外四名潛艦人員再度進入逃脫艙筒，重複進行逃脫的程序。

照片協力：日本海上自衛隊

美國海軍「維吉尼亞」號核能動力潛艦上的逃脱艙筒內部景象。逃脱艙筒內的人員穿戴著
SEIE。

照片：美國海軍

日本海上自衛隊第一術科學校的訓練水槽示意圖

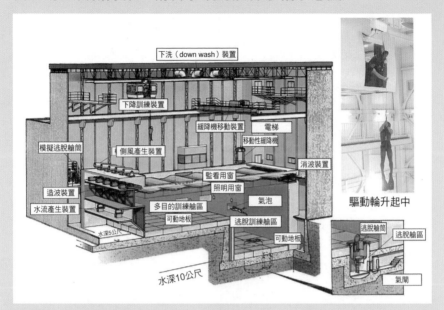

下洗（down wash）裝置

下降訓練裝置

緩降機移動裝置

電梯

移動性緩降機

模擬逃脫艙筒

側風產生裝置

消波裝置

監看用窗

照明用窗

造波裝置

氣泡

水流產生裝置

多目的訓練艙區

可動地板

逃脫訓練艙區

可動地板

水深5公尺

水深10公尺

驅動輪升起中

逃脫艙筒

逃脫艙區

氣閘

圖像協力：日本海上自衛隊

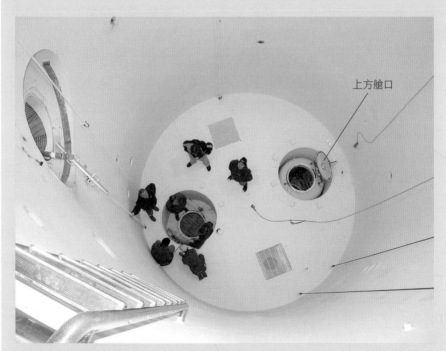

上方艙口

美國海軍的逃脫訓練水槽內部。右側可見到模擬潛艦逃脫艙筒的上方艙口。

照片：美國海軍

登上潛艦之前
嚴格教育訓練的終點就是潛艦徽章

　　通往乘艦之路會因為國家的不同而有所差異。所以這裡我們只針對日本的情況介紹。

　　日本海上自衛隊的通往乘艦之路，若是幹部，是從位於廣島縣江田島市的幹部候補生學校進行身體檢查、心理適性檢查、成績、以及考量本人意願後被指定為潛艦要員時開始的。如果是海曹士的話，他們由最初通過海上自衛隊大門的神奈川縣橫須賀市、廣島縣吳市、長崎縣佐世保市、並於京都府舞鶴市教育隊結束課程後，才被指定成為潛艦要員。

　　接著，要介紹給大家的是**通往潛艦幹部之路**。被指定為潛艦要員的幹部，在幹部候補生學校畢業後，要歷經練習艦隊上的部隊實習、也就是經過大約一年左右的日本國內巡航及遠洋航海相關水面船艦勤務。雖說我們的主題是潛艦，但其實勤務內容是與海洋交手抗衡，所以要針對船舶駕駛技術進行基礎訓練。

　　之後，則是在吳市的潛艦教育訓練隊接受六個月有關潛艦入門至潛艦構造、搭載機器及武器概要、潛航、襲擊、緊急應對等領域的教育。在這段期間會進行實際的潛艦乘艦實習，以及使用模擬機的實技訓練。

　　等潛艦教育訓練隊的實習結束後，就會因為部隊實習而真正登上潛艦。在十一個月的部隊實習當中，關於所有機器的配置、海水、油壓、淡水、空氣等各式各樣的管理系統都要詳加了解。在這段期間，與作戰準備有所關聯的閥門、開關等位置也必須確實牢記。

　　當潛艦開始行動時，要以「哨戒長付」及潛航指揮官見習者身份旁觀學習，並在潛艦行動時，努力習得與勤務相關必要知識及技能。實習內容要先整理在實習筆記中，並定期接受副艦長、機關長、船務長、水雷長的檢查。實習期間結束後，再經由舉行筆試、實技測驗，以及由艦長、潛水隊司令提出的口試進行資格審定測

試，一旦合格，就正式成為潛艦幹部了。

等到實習終了之日，就能站在整列成隊的潛艦船員前方，會由艦長在左胸別上金色的潛艦徽章，也就是所謂的「dolphin mark」。

潛艦要員的教育體系

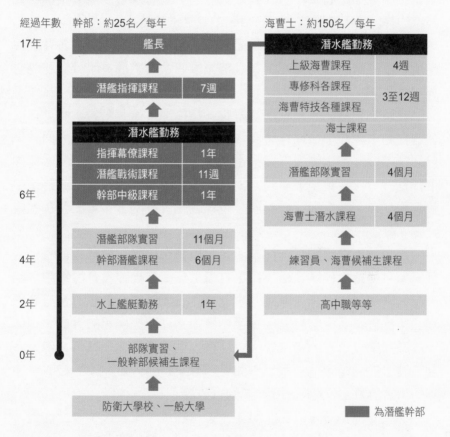

參考：日本海上自衛隊資料

成為艦長之前
最少需要十七年的漫長道路

經過以潛艦幹部身份進行潛艦勤務、有時為陸上勤務之後，基本上會升至一尉。此時會進入名為「**幹部中級課程**」教育課程（詳情請參考前頁圖表）。這個階段會以將來具專業能力的要求而學習水雷、機械等幾個領域的詳細知識技能，同時學習以潛艦指揮官或幕僚的身份執行勤務時必須的相關作戰要務基礎。

潛艦幹部在幹部中級課程研修完畢後，則會進入潛艦教育訓練隊所開設的**潛艦戰術課程**，並且努力學習潛艦哨戒長執行勤務的必要知識及技能。

之後，則是開始執行潛艦科長、指揮部幕僚等勤務。我們在前面曾提到「幹部中級課程時要決定專業領域」，但在潛艦方面就算已經修完幹部中級機關課程，也不會一直擔任機關長的職務。原則上都是採用三種輪作，即使水雷、船務、機械等三者之一的幹部中級課程結束，還是要在成為副艦長前就先習得水雷長、船務長、機關長等職務的經驗。

結束幹部中級課程一段時間後，即擁有接受**指揮幕僚課程／幹部專業科**的選拔考試資格。這是在海上自衛隊幾種教育課程中，唯一有入學測試的課程。考試內容為舉行三天筆試及為筆試合格者舉辦三天的口試。從合格者中被選為參加指揮幕僚課程的人員，則必須在幹部學校學習一年時間，以習得以上級指揮官、幕僚身份執行勤務時必要的知識。被選出參加幹部專業科的人員則須設定專業領域的相關問題，並且以一年時間進行研究。

之後，歷經潛艦副艦長職務，接著在成為艦長最後課程的**潛艦指揮課程**中，努力習得及鍛鍊擔任艦長的必要知識及技能，就能在成為艦長後揮舞自己的指揮官旗了。

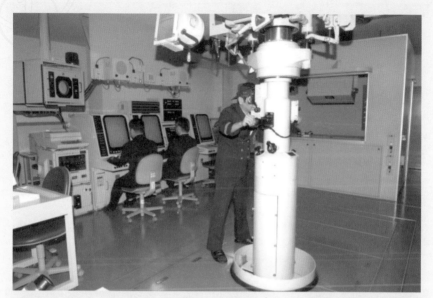

潛艦教育訓練隊正在進行襲擊訓練的景象。擔任艦長角色的學生使用潛望鏡進行觀測，其他兩名學生則是操作著作戰指揮系統。
照片協力：日本海上自衛隊

在潛艦教育訓練隊以潛艦航海術科訓練裝置進行訓練的情景。這裡會設置真正的潛艦艦橋部分，四周則為螢幕，會播出各式各樣的海上狀況。
照片協力：日本海上自衛隊

《 參 考 文 獻 》

防衛庁防衛研修所戦史部/編『戦史叢書　潜水艦史』、朝雲新聞社、1979年

海軍編集委員会/編『海軍Ｘ（潜水艦・潜水母艦・敷設艦・砲艦）』、誠文図書、1981年

日本海軍潜水艦史刊行会/編『日本海軍潜水艦史』（非売品）、信行社、1979年

末國政雄、秦 郁彦/監修『聯合艦隊海空戦戦闘詳報16　潜水隊・潜水艦戦闘詳報』、アテネ書房、1996年

山内敏秀「深海からの挑戦」、立川京一、石津朋之、道下徳成、塚本勝也/編著『シー・パワー ―その理論と実践―』、芙蓉書房出版、2008年

堀 元美/著『潜水艦　―その回顧と展望』、出版協

同社、1959年

筑土龍男/著『原子力潜水艦　―海のミサイル発射基地』、教育社、1979年

福田一郎/著『潜水艇史話』（非売品）、1969年

Clay Blair, Hitler's U-boat War : The Hunters, 1939-1942
（New York, Modern Library, 1996）

Clay Blair, Hitler's U-boat War : The Hunted, 1942-1945
（New York, Modern Library, 1996）

Theodore Roscoe, United States Submarine Operations in World War II
（Annapolis, Naval Institute Press, 1949）

索　引

國家圖書館出版品預行編目資料

潛艦的技術 / 山內敏秀著；吳佩俞譯 . -- 二版 .
-- 臺中市：晨星出版有限公司 , 2023.12
面； 公分 . --（知的！；127）

ISBN 978-626-320-651-9（平裝）

1.CST: 潛水艇

597.67   112016107

知
的
！
127

潛艦的技術（修訂版）

作者	山內敏秀
譯者	吳佩俞
編輯	王詠萱、陳詠俞
美術編輯	曾麗香
封面設計	謝彥如

創辦人	陳銘民
發行所	晨星出版有限公司
	407 台中市西屯區工業 30 路 1 號 1 樓
	TEL：（04）23595820 FAX：（04）23550581
	http://star.morningstar.com.tw
	行政院新聞局版台業字第 2500 號
法律顧問	陳思成律師
出版日期	2018 年 4 月 10 日初版 1 刷
	2023 年 12 月 15 日二版 1 刷
讀者服務專線	TEL：（02）23672044 /（04）23595819#212
讀者傳真專線	FAX：（02）23635741 /（04）23595493
讀者專用信箱	service @morningstar.com.tw
網路書店	http://www.morningstar.com.tw
郵政劃撥	15060393（知己圖書股份有限公司）
印刷	上好印刷股份有限公司

定價 420 元

（缺頁或破損的書，請寄回更換）
ISBN 978-626-320-651-9

《SENSUIKAN NO TATAKAU GIJUTSU》
Copyright ©2015 Toshihide Yamauchi
Chinese translation rights in complex characters
arranged with SB Creative Corp.,
Tokyo through Japan UNI Agency, Inc.,
Tokyo and Future View Technology Ltd., Taipei